la pâtisserie du XXIe siècle

Au coeur de la structure des bases de la pâtisserie

Technologie pâtissière volume 2

Berry Farah

Rédaction
Direction artistique et mise page
Photograhie

Berry Farah

ISBN : 978-2-9810597-7-2

Sommaire

Sommaire

Préface

Depuis mon premier ouvrage la pâtisserie du XXIe siècle, les nouvelles bases, je me devais d'approfondir le sujet pour être au plus près de la pratique. La demande des pâtissiers s'est fait ressentir. C'est pourquoi avec ce nouvel ouvrage j'ai souhaité aller pour chacune des bases de la pâtisserie au plus près de la matière pour expliquer comment se construit la matrice d'un produit, comment l'interaction des ingrédients se traduit en texture et structure pour donner le produit désiré.

Pour ceux qui n'ont pas lu le précédent livre *La pâtissreie du XXIe siècle, les nouvelles base*, j'ai fait des rappels concernant certains ingrédients, dont la farine. Je vous conseille de vous référer au premier volume pour comprendre mieux la structure des crèmes et des mousses et découvrir les règles de calcul pour les réaliser.

Rappel

Le blé et les farines en France et en Amérique du nord

En France, le blé tendre (tritricum astivum) est le blé utilisé pour la panification et la pâtisserie et se distingue du blé dur (tritricum durum) qui sert principalement aux pâtes alimentaires.

En Amérique du Nord, plus généralement dans les pays anglo-saxons, les blés sont classés en fonction de la dureté du grain Hard wheat and soft wheat (Blé dur, blé tendre qui sous-entend blé dont le grain est dur ou blé, dont le grain est tendre). Au Québec lorsqu'on parle de blé dur, il s'agit d'un blé tendre dont le grain est dur. Et lorsqu'on parle d'un blé tendre ou mou, il s'agit d'un blé tendre dont le grain est tendre. En France, c'est surtout dans le milieu de l'exportation et de l'industrie que la notion de dureté du grain est utilisée. Les termes anglais anglais Hard (dur) et soft (tendre ou mou) désignent alors le blé (blé hard, blé soft). En langue anglaise, le blé tendre (Tritricum Astivum) est appelé common wheat. Au Canada, le terme anglais a été francisé, on parle alors de blé commun. Le blé dur (Triticum Durum) devient en anglais durum. Le terme anglais est aussi utilisé en français au Canada.

En France. les blés sont classifiés selon leur taux de cendres. On parle alors de Type 55, Type 45, Type 65. Ce classement est arbitraire. C'est une convention. En aucun cas, cela ne permet de donner une information sur l'usage de ces farines et encore moins sur leurs caractéristiques rhéologiques. Cependant, par convention la farine T55 est utilisée pour la panification et la T45 pour les viennoiseries et le feuilletage. Il est important de garder à l'esprit qu'une T45 pourrait être une farine aussi bien forte que faible en protéines même si généralement c'est une farine forte en protéines.

Les blés dits hard, dont les grains sont durs, ont généralement une ténacité forte, voire très forte, et une plus ou moins grande extensibilité. En Amérique du Nord, particulièrement au Canada, le rapport ténacité/extensibilité se fait généralement au profit de la ténacité. C'est moins vrai en Australie où le rapport ténacité/extensibilité peut être plus approprié avec des P/L de 0.6-0.7 à l'alvéographe de Chopin (Plus d'informations dans la pâtisserie du XXIe siècle, les nouvelles bases de Berry Farah).

Les blés dits blé medium-hard, dont les grains sont mi-durs, ont généralement une ténacité moyennement forte à forte et une extensibilité faible à moyenne et parfois une extensibilité plus importante. Ces blés sont eux que l'on retrouve en France.

Les blés dits blé soft et medium soft, dont les grains, sont mous ou mi-mous, ont pour les plus mous une faible à très faible ténacité avec une plus ou moins grande extensibilité. Ce blé sert à la biscuiterie, à certains types de cakes, aux génoises et aux biscuits français. Pour les mi mous, la ténacité est légèrement plus importante et l'extensibilité est grande sans être aussi importante que pour les blés soft. En France, les blés soft, connus sous le nom de blé biscuitier, sont plus rares alors qu'ils sont plus présents en Amérique du Nord et en Australie.

La farine biscuitière ou Pastry Flour (farine à pâtisserie)

La farine biscuitière est beaucoup moins connue en France qu'ailleurs dans le monde, où elle est appelée « pastry flour » (farine à pâtisserie) ou soft flour (farine tendre allusion à la dureté du grain). En Italie, les farines sont classées davantage en fonction de leur utilisation. Dans ce cas, il est plus facile de faire un choix adapté à son produit.

La farine biscuitière est une farine dont le grain est mou, ce qui donne une farine plus faible en protéines avec généralement une très faible ténacité et une plus ou moins forte extensibilité. Il existe différents types de farine biscuitière.

En Amérique du Nord, les farines dites à pâtisserie sont quasi standard avec de petites variantes au niveau des protéines. Généralement, ce type de farine peut servir à toutes les pâtes sablées et les pâtes battues même si dans l'industrie le choix de la farine biscuitière peut être plus pointu. En France, il ne semble pas avoir de standard.

Cette farine a généralement une granulométrie fine qui lui confère en partie ses qualités et qui expliquerait la raison pour laquelle on peut obtenir pour certains types de cake de meilleur volume et dans le cas des sablés des produits plus aérés

Cette farine peut dans certains cas servir d'améliorant en remplaçant 20 % à 30 % d'une farine forte pour en améliorer l'extensibilité. Bien entendu, tout dépend du type de farine biscuitière que l'on a.

Le beurre

Le beurre est composé à 82 % de triglycérides (en chimie, la matière grasse du beurre est appelée triglycéride ou triacylglycérol), à 16 % d'eau, et à 2 % de matière sèche du lait (protéines, sucre, minéraux)

Les triglycérides sont composés d'une molécule de glycérol et de trois acides gras. Les acides gras sont soit des acides gras saturés (acide myristique, butyrique, palmitique...), soit des acides gras mono-insaturés (acide oléique...) ou des acides gras polyinsaturés (linoléique, alpha linoléique [oméga 3]...). Le beurre contient majoritairement des acides gras saturés (65 %). Il contient aussi des acides gras mono-insaturés (30 %) et polyinsaturés (5 %).

PÂTES FRIABLES

Introduction

Les pâtes de type sablé, sucré, petit beurre, cookie etc. appartiennent à une même famille. Les considérer comme des bases différentes est une erreur. Ces pâtes sont formées à partir d'une même structure. Leurs textures dépendent, en grande partie, de la relation entre la proportion des ingrédients et la méthode de réalisation ce qui fait toute leur complexité et leur subtilité.

La pâtisserie française a dissocié la pâte sablée de la pâte sucrée pour en faire deux bases différentes. Elles se distinguent par leur méthode de réalisation et leur recette. Le sablage pour le sablé et le crémage pour la pâte sucrée. La première est utilisée pour réaliser des biscuits et la seconde pour des fonds de tarte. Ces distinctions et ces recettes sont purement arbitraires.

Historiquement, la méthode du sablage est très récente. Elle date de la fin du XIXe. Elle fut peu utilisée avant les années 1940. Le sablé se réalisait en mélangeant les ingrédients sans aucune précaution. La friabilité était le résultat de l'équilibre de la recette. D'autre part, il est tout à fait possible d'utiliser indifféremment l'une ou l'autre des méthodes pour arriver à des résultats semblables à condition de prendre certaines précautions. Avant les années 1940, la pâtisserie était moins codifiée. La pâte à foncer servait souvent de référence pour les fonds de tarte. Les recettes de sablés et de pâtes à tarte étaient nombreuses. Il n'existait pas de règles définies pour attribuer à une pâte un usage particulier. La pâte sucrée fut à l'origine la pasta frolla. Elle désignait un produit bien particulier. Puis, elle est devenue une variante des pâtes utilisées pour les fonds de tarte.

Le sablage et le crémage s'étant imposés dans l'enseignement, ces méthodes vont servir de référence aux analyses faites dans ce chapitre afin de mieux comprendre comment se construit une pâte friable.

Au coeur du Sablage

Le sablage est l'opération qui consiste à mélanger le beurre et la farine pour en faire du sable. Cette méthode n'est probablement pas française. Elle aurait été importée d'Autriche. Le sablé au XIXe siècle ne se réalisait pas par sablage. L'opération du sablage apparaît à la fin du XIXe sans pour autant être nommée sablage. Dans le livre, *La pâtisserie d'aujourd'hui* d'Urbain Dubois, il est précisé pour la pâte Linzoise : « frotter le beurre et la farine avec les deux mains pour les mettre semoule ». Il n'y a aucune référence au mot sablage. Il est difficile de dire quand cette méthode fut nommée sablage et encore moins quand elle est devenue la norme. C'est, probablement, dans les années 1960 que le sablé sera associé au sablage et s'effectuera selon la méthode décrite par Urbain Dubois.

La Farine

Il faut une farine issue d'un blé dont le grain est mou et dont le taux de protéines est bas. La farine doit avoir une fine granulométrie et avec très peu d'amidon endommagé ce qui favorise le diamètre des biscuits. Ce type de farine donne une texture plus fine et moins pâteuse que d'autres farines particulièrement dans le cas de pâtes qui sont peu ou pas hydratées. Les farines courantes utilisées en pâtisserie n'ont pas le profil adéquat pour obtenir des sablés de grande qualité.

Farine à pâtisserie pour sablé

Farine T55 (taux de de cendres 0.58)

Farine + Beurre

Le beurre doit être à l'état solide (maximum 14 °C pour les beurres les plus durs), mais ni crémeux, ni fondu.

Avant Sablage   Sablage Grossier

Les morceaux de beurre vont enrober les particules de farine pour former des grains plus ou moins gros. En fonction du degré du sablage, les particules de farines vont être plus ou moins enrobées.

En l'absence de liquide, il est nécessaire de poursuivre le sablage pour obtenir une pâte. C'est-à-dire que le beurre et la farine forment un mélange uniforme où l'on ne distingue plus le beurre de la farine. Cependant, le beurre reste plus solide que si le beurre avait été mis en crème ou fondu. La preuve en est que la pâte pourrait être ouverte au rouleau immédiatement après le pétrissage, et ce, assez facilement sans se déchirer ou manquer de tenue. Cela est possible à condition que la température du laboratoire soit fraîche autour de 18 °C à 21 °C. Autrement, il est préférable de mettre la pâte au réfrigérateur.

Pourquoi le beurre doit-il être solide ?

Le beurre fondu (tous les triglycérides du beurre sont fondus au-dessus de 40 °C) ne retrouve pas sa texture une fois refroidie. Par contre si le beurre est refroidi selon une courbe de température, il y a plus de chance qu'il retrouve sa consistance.

Comme cela sera expliqué pour les pâtes levées et la pâte à croissant, il y a une température idéale pour le beurre. Elle oscille entre 10 °C et 15 °C. Cette plage offre un bon rapport entre les triglycérides qui seront fondus et les triglycérides qui seront encore à l'état solide. La proportion des triglycérides ayant un point de fusion plus haut ou plus bas dépend de l'alimentation des vaches. Cette proportion peut être modifiée au moment de la fabrication du beurre. Dans le cas de la pâte sablée, il est préférable d'être à des températures plus proches des 10 °C, voire plus basses, en fonction du beurre choisi.

Ainsi un beurre d'été, un beurre d'hiver ou un beurre fractionné n'ont pas le même profil lipidique. Ces différences ont un rôle à jouer autant d'un point de vue technique, gustatif ou nutritionnel. Les beurres d'été dont les vaches vont aux pâturages auront moins d'acide palmitique, un meilleur ratio oméga 3 — oméga 6 et auront une texture plus molle.

Rappelons que le beurre est une émulsion. C'est-à-dire qu'il contient de l'eau un maximum de 16 % en France et de 18 % en Amérique du Nord.

Assemblons 100 g de farine avec 70 g de beurre

Cette pâte est étalée et découpée en forme de biscuit puis enfournée.

Au cours de la cuisson, l'eau du beurre va se mélanger à la farine pour permettre à l'amidon de se gélatiniser très partiellement, car la quantité d'eau n'est pas suffisante pour former un gel. L'autre partie de l'amidon va former avec la matière grasse des agrégats qui vont donner de la cohésion au produit.

Le produit est très fragile. Rompre le produit n'entraîne pas une casse franche, mais de petits morceaux plus ou moins gros. Les fameux agrégats de matière grasse et d'amidon. Si l'on effrite ce mélange, on obtient du sable. Ce sable, une fois agrégé, permet de former une pâte. La pâte a moins de cohésion, qu'à crue, due à l'évaporation partielle de l'eau au cours de la cuisson.

100 g de farine + 70 g de beurre   Texture : Aggrégat > Sable > Pâte

La très faible gélatinisation de l'amidon n'a pas permis au produit de se solidifier. Plus encore, l'absence de gluten, faute suffisante d'eau, n'a pas favorisé le développement d'une armature nécessaire à la cohésion et la solidité du produit.

Le produit est difficile à manipuler lorsqu'il est encore chaud. Le refroidissement de la pâte permet à la matière grasse de se solidifier et au peu d'amidon de gélifier et de trouver une structure plus stable. Le produit est alors plus solide, mais reste très fragile.

Dans une pâte sablée ou sucrée, le gluten ne se forme pas, ou très partiellement, du fait de la présence du sucre et de la faible quantité d'eau.

Farine + Beurre + Saccharose

Assemblons 100g de farine 66g de beurre et 30g de saccharose.

L'ajout du saccharose va apporter plus de solidité et de la cohésion au produit. Le sucre, fondu au cours de la cuisson, se cristallise après refroidissement du produit ; il devient vitreux.

Le choix du type de saccharose n'est pas anodin. En France, le sucre glace est souvent utilisé dans les pâtes friables comme les sablés. Pourtant, le sucre semoule est plus approprié. Il favorise la texture craquante du sablé et lui évite de s'étaler de trop. Plus le sucre est fin ou plus le sucre est en grande quantité, plus la pâte s'étale.

Sucre glace :	Sucre semoule
– La couleur est plus uniforme	– La couleur est moins uniforme
– Le produit est plus cassant	– Le produit est plus friable
– Le produit est moins friable	– Le produit apporte du craquant sans être cassant
– Le goût du sucre est plus présent	
– Le goût du beurre est moins prononcé.	– Le goût du beurre est plus présent.
	– Le goût du sucre est moins prononcé,

Pour bien mesurer l'impact des deux types de saccharose, la recette a été produite avec du sucre semoule et du sucre glace. Les sablés ont été cuits en même temps.

Sablé Sucre Glace (40% de sucre 50% beurre) | Sablé Sucre Semoule fin (40% de sucre 50% beurre)

Le sucre glace et le sucre semoule donnent deux produits différents par l'aspect, la texture, la consistance et même la saveur.

Comment expliquer ces différences ?

La granulométrie en est la cause.

Le sucre semoule fond moins rapidement. Lors de la cuisson, une partie du sucre se transforme en sirop. Les cristaux de sucre persistants ou partiellement fondus expliquent le manque d'uniformité de la couleur ; à la cuisson, ils caramélisent. Si les cristaux étaient plus gros, cela pourrait donner des points foncés, voire noirs. Ces cristaux expliquent en partie la friabilité plus importante comme si l'on aurait ajouté de la semoule de blé au sablé. D'autre part, le sucre ayant partiellement fondu, la cristallisation après refroidissement est moins importante. Le biscuit est donc moins cassant.

La granulométrie du sucre glace est plus fine ; il se disperse davantage dans la farine et fond plus rapidement. Le sucre glace, complètement fondu, permet d'offrir une couleur plus uniforme et renforce le goût sucré. La cristallisation du sucre après refroidissement apporte le cassant au sablé.

La différence du goût du beurre est plus difficile à expliquer. Le fait de goûter davantage le sucre pourrait influencer notre perception du beurre. Hypothétiquement, le beurre deviendrait prisonnier du sucre lors de la cristallisation. Le sucre semoule étant partiellement fondu et donc partiellement cristallisé, le beurre serait moins prisonnier ; le goût serait plus présent.

Que doit-on préférer? Une texture plus homogène, une structure plus définie et un plus bel aspect, mais avec moins de saveur ou un produit à la texture plus disparate, une structure plus aléatoire et un aspect moins uniforme, mais avec plus de mâche et de saveur ?

Est-ce qu'un produit déstructuré est plus savoureux et à plus de texture qu'un produit ayant plus de cohésion?

Ces interrogations soulèvent aussi la question de la conservation sachant qu'un produit moins structuré se conserverait moins bien.

Gardons en mémoire que l'assemblage des ingrédients forme des matrices. Ces matrices influencent la texture, la structure, mais aussi notre perception des saveurs. Dans une gelée plus le gel est solide, moins la saveur est perçue. Plus le gel est cassant, moins il est fondant.

Pour conclure, il est important de noter que plus la quantité de saccharose est importante, plus le biscuit est solide et cassant plus il est nécessaire d'augmenter le beurre pour apporter de la friabilité. L'idéal serait de ne pas dépasser les 40 % de sucre par rapport au poids de la farine. Cependant, remplacer une part du sucre par du glucose éviterait au sablé d'avoir une texture trop dure. Le glucose empêche la cristallisation du saccharose. De plus, le glucose permet de diminuer la sensation sucrée.

Farine + Beurre + Saccharose + Liquide

Assemblons 100g de farine 66g de beurre et 30g de saccharose 15g d'eau

Pourquoi choisir l'eau? L'eau est un produit neutre. Pour autant, il ne faut pas négliger la dureté de l'eau et la présence de minéraux. Cela peut affecter la texture et la saveur du produit comme nous le verrons pour les pâtes levées.

Lorsque nous parlons d'hydratation, il s'agit toujours de la quantité d'eau présente dans le liquide qui va hydrater la pâte. Ainsi pour 100 g de farine un œuf de 50 g ne représente pas une hydratation de 50 %. L'œuf contient 75 % d'eau, le reste est réparti entre les lipides, les minéraux et les protéines.

L'œuf est un atout lorsqu'on utilise uniquement le jaune. L'hydratation peut être complétée, si nécessaire, avec de l'eau. Le jaune contribue à la friabilité de la pâte. Le blanc d'œuf contribue à la dureté de la pâte et la rend plus compacte. Cet effet est le résultat des protéines du blanc d'œuf qui coagulent au cours de la cuisson. Lorsque le jaune est en grande quantité, il peut produire les mêmes effets que le blanc d'œuf.

Réalisons deux essais avec le mélange, farine, beurre, sucre semoule et eau. Pour le premier essai, le sucre semoule sera dissous dans l'eau à température ambiante. Le second essai est réalisé avec un sirop composé du sucre et de l'eau de la recette (l'eau et le sucre ont été portés à 85 °C pour éviter une trop grande perte d'évaporation à l'ébullition).

Plus la température est élevée, plus le sucre se dissout. Ainsi le mélange réalisé avec le sirop de sucre ressemble à plus d'un point au produit réalisé précédemment avec le sucre glace. La seule différence est une plus forte coloration. Pour la préparation où le sucre a été mélangé à l'eau, le résultat est légèrement meilleur que le résultat précédent avec le sucre semoule.

Comparé aux précédents essais, l'ajout d'eau a fait perdre au produit une part de sa friabilité. Cette perte de friabilité aurait été accentuée si la quantité de saccharose avait été augmentée..

Cette perte peut être minimisée si le mélange de beurre et de farine a été suffisamment sablé. Plus le degré de sablage est important, plus le degré de friabilité est grand (plus de détails dans la section du crémage).

Cette fois, le goût du sucre est moins présent que dans l'essai précédent réalisé sans eau. La perception gustative du sel ou du saccharose dépend de la quantité d'eau dans laquelle le sel et le saccharose sont dispersés. Pour une quantité déterminée de farine et de sel ou de saccharose, moins il y a d'eau, plus la saveur du sel ou du sucre sera perceptible.

L'utilisation de sucre semoule peut entraîner un suintement de la pâte au froid. Ceci est vrai uniquement si le sucre n'a pas été dissous dans le liquide présent dans la recette. En l'absence de liquide, le suintement ne se produit pas. Par contre, il faut bien mélanger le sucre avec la farine.

Au contact du sucre, les molécules d'eau s'associent aux molécules de sucre. Ils ne sont plus disponibles pour imprégner la farine. Lorsque le liquide est ajouté au sablage dans lequel est présent le sucre, l'eau pénètre la pâte et imprègne la farine. Au cours de la phase de repos, les molécules d'eau entrent en contact avec les molécules de sucre. Les molécules de sucre s'associent avec les molécules d'eau. L'eau, devenue un sirop, se « détache » de la pâte. Elle n'imprègne plus la farine. Des perles d'eau sucrée apparaissent à la surface de la pâte. La pâte perd de sa cohésion. Si le sucre est mélangé à l'eau, la farine et le beurre vont se disperser dans le sirop. Seules les molécules d'eau qui ne se sont pas associées avec les molécules de sucre vont s'associer à la farine. De ce fait, durant la phase de repos, l'eau n'a plus de raison de quitter la farine puisque ces molécules sont déjà associées avec le sucre et que la farine est dispersée dans le mélange eau/sucre.

Pour mieux comprendre la relation entre le sucre, l'eau et la farine, réalisez l'expérience suivante :

Mélanger 100 g de farine avec 60 g d'eau. L'eau entre en contact avec les protéines insolubles de la farine et forme le gluten. La pâte a développé une certaine viscoélasticité.

Recommencez l'opération et mélangez cette fois 100 g de farine avec 100 g de saccharose et 60 g d'eau. Vous constatez que le mélange est cette fois plus crémeux. Le gluten n'a pu se former. L'eau s'est associée avec le saccharose. L'eau n'est plus disponible pour être absorbée par les protéines. Les amidons et les protéines de la farine se sont dispersés dans le sirop de sucre.

À présent, reprenez la pâte formée sans sucre, incorporez le sucre en deux fois tout en pétrissant la pâte. Vous vous apercevez que la pâte se déstructure. L'eau quitte la farine pour rejoindre le sucre, jusqu'à ce que le mélange ressemble à une crème.

Plus on augmente la quantité de sucre, moins le gluten se forme. Au-dessus de 50 % de sucre par rapport au poids de la farine, la science laisse entendre que le gluten se formerait de manière très partielle. À un poids égal de farine et de sucre, le gluten ne se forme plus.

Le temps de repos.

Le repos d'une pâte au froid permet d'améliorer la cohésion de la pâte et à l'eau de mieux pénétrer la farine. Cette phase de repos n'est pas nécessaire si le beurre est bien froid et la température de la pièce tempérée.

Après le repos au réfrigérateur, il est préférable de laisser la pâte atteindre une température de 10 °C à 15 °C avant de l'étaler. Éviter de fraser la pâte au risque de nuire à sa qualité.

Conclusion

C'est la quantité de beurre qui fait la friabilité du produit. Le choix de la farine contribue à ce phénomène. Une farine de blé mou évite au produit d'être compacte (l'ajout d'amidon de riz dont les particules sont très petites permet d'accentuer la friabilité de la pâte).

L'eau et le saccharose agissent comme « durcisseur » et diminuent la friabilité du produit.

La friabilité de la pâte est davantage favorisée par la proportion des ingrédients que par le sablage

Au coeur du crémage

Le crémage est une des techniques les plus anciennes de la pâtisserie. Elle fut à la base de presque toutes les pâtes contenant des œufs et du beurre. Même les pâtes levées du XIXe siècle étaient réalisées selon cette technique.

Le crémage a pour principe de mélanger le sel et le saccharose au beurre en crème. Puis, d'incorporer les œufs pour créer un mélange qui s'apparente à une émulsion (voir le chapitre des pâtes battues pour comprendre les subtilités du crémage). Finalement, la farine est ajoutée afin de créer une pâte.

La matière grasse, en l'occurrence le beurre, n'a pas, ou très peu, d'effet sur les protéines de la farine. Elle ne prive pas le gluten de se former contrairement à ce qui est souvent écrit. Le sucre ou l'excès de sucre ont davantage une influence négative sur la formation du gluten. Les analyses au microscope électronique montrent bien que la formation du gluten n'est pas entravée par la matière grasse que faiblement.

La matière grasse agit davantage sur l'amidon en le rendant moins susceptible à l'absorption de l'eau et le fragilise. Le beurre crémé avec la farine, dans le cas d'une pâte levée ou battue, apporte un plus grand moelleux et une plus grande finesse à la mie.

Dans un crémage classique, l'amidon de la farine entre en contact avec le mélange de beurre et d'œufs. L'eau des blancs va être absorbée par l'amidon avant que le beurre n'ait enrobé l'amidon. Par contre, si le blanc d'œuf est retiré, la matière grasse du beurre et du jaune d'œuf vont davantage enrober l'amidon et partiellement « l'imperméabiliser ». L'amidon n'absorbera qu'une partie de l'eau des blancs d'œufs au moment de l'ajout de ce dernier. Le produit est plus friable. La différence est remarquable, mais pas flagrante. Avec une plus grande quantité d'eau, la différence est plus marquée. C'est la raison pour laquelle dans la section sablage, il était dit qu'un sablage plus soutenu donne une pâte plus friable.

Bien souvent, les pâtissiers se plaignent de devoir séparer les œufs du fait du temps que cela prend. Ce temps est le prix à mettre pour un produit de qualité.

L'utilisation d'ovoproduits est de plus en plus courante dans le monde de la pâtisserie. La facilité de leur utilisation à un coût : la qualité. Le traitement subi par les œufs amoindrit leur qualité émulsifiante et foisonnante.

La poudre à lever dans les pâtes friables.

La dénomination de levure chimique devrait être bannie des manuels d'enseignement. La poudre à lever n'est pas de la levure. Elle ne contient pas d'organismes vivants. Quant au mot chimique, il est mal à propos. La poudre à lever contient du bicarbonate de soude, un acide et de l'amidon ou de la farine pour éviter la réaction, entre le bicarbonate et l'acide, de se produire. L'acide détermine la rapidité de la réaction. La réaction peut se produire entièrement ou partiellement ou très partiellement au four ou en dehors du four. Renseignez-vous auprès de votre fournisseur.

Une poudre à lever dont la réaction se produit en partie en dehors du four et en partie dans le four, offre le plus intéressant résultat. Cette poudre est appelée, poudre à lever à double action en opposition à la poudre à lever simple action dont la réaction se produit à plus de 60 % en dehors du four (action rapide), soit à près de 100 % dans le four (action lente).

La poudre à lever entraîne un plus grand étalement du biscuit si celui-ci n'est pas mis en cercle. Elle accentue la friabilité du produit. Elle permet d'aérer le produit afin de la rendre moins compacte.

La poudre à lever n'est pas une nécessité dans une pâte friable si les ingrédients sont bien choisis et l'équilibre de la recette bien ajusté. Son but est d'accentuer la friabilité.

Le cookie américain (soft cookie)

Les appellations varient d'un pays à un autre. Le cookie anglais est davantage un biscuit dur et cassant comme peut être le petit beurre. Le terme biscuit dans le langage courant est plus adéquation avec un produit se rapprochant du sablé alors que pour les professionnels le biscuit c'est le biscuit à la française de type biscuit de Savoie. Aux États unis, le biscuit est un genre de scone préparé pour le petit déjeuner. Le cookie américain (sous-entendu hard cookie) ressemble au sablé. Le « soft cookie », plus moelleux qu'un sablé, est typiquement américain.

Le moelleux du « soft cookie » est dû à une hydratation plus importante et à la présence de cassonade nord-américaine qui se compare à la vergeoise française. Le cookie contient davantage de sucre et de beurre que le sablé. Il peut aussi contenir un peu de poudre à lever.

Dans le cas du choix d'une poudre à lever ayant une action rapide dont la réaction se produit en dehors du four, cela peut aérer le cookie. Une fois, les cookies dressés, ils sont laissés à température ambiante, pour environ 1 h, avant d'être cuits. Durant ce repos, l'eau de la pâte entre en contact avec la poudre à lever et provoque la production de CO_2. La viscosité de l'appareil à cookie étant moins dense qu'un sablé, des bulles d'air ont pu se former au moment du mélange. Ces bulles vont légèrement gonfler sous l'effet du CO_2. Ces poches d'air gonflées par le CO_2 vont créer de petites cavités après la cuisson et donner une texture plus aérée.

La cuisson

La cuisson doit être faite à basse température afin de permettre une cuisson uniforme et à cœur.

La température peut varier de 170 °C à 155 °C selon les fours qu'ils sont ventilés ou à sole. Que cela soit les sablés ou les pâtes à tartes, la couleur doit être d'un beau doré. Trop souvent, ce type de pâte n'est pas assez cuite ou cuite trop rapidement avec comme résultat le cœur encore farineux. La cuisson participe de façon importante à la saveur du produit et à sa texture, ne la négligeait pas.

Conclusion

La texture des pâtes friables est en relation avec la quantité de beurre, de sucre et de liquide. La variation de l'un de ses trois éléments ou de l'ensemble de ces éléments va permettre d'avoir des produits plus friables ou plus cassants et parfois plus fondants. Il est donc important d'apporter une attention toute particulière à la recette afin d'anticiper le résultat final. Le choix de la méthodologie pourrait accentuer les effets, mais en aucun cas elle n'aura autant d'importance que l'équilibre de la recette.

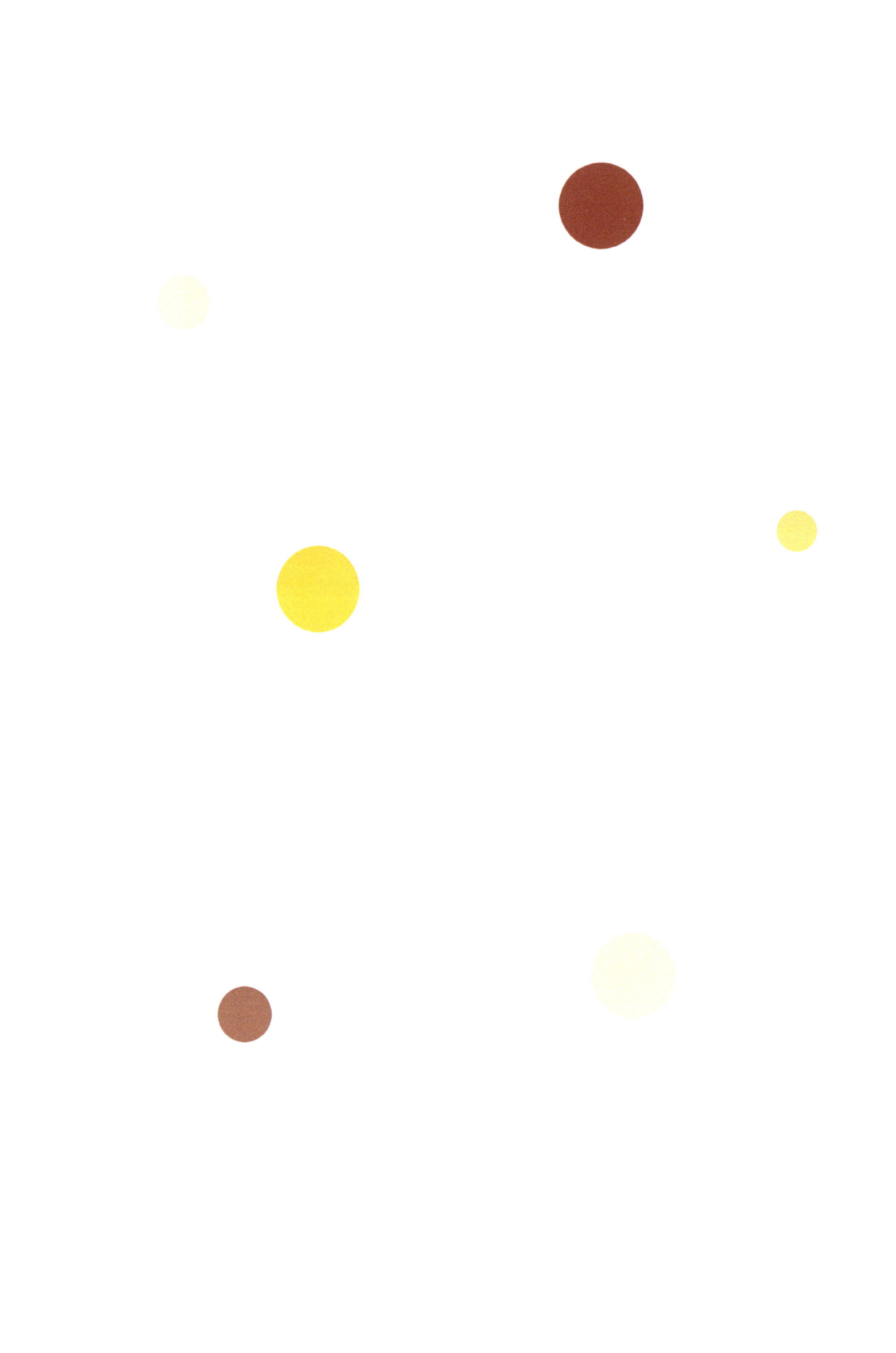

RECETTES

Pâte à tarte

100 % de farine

56 % de beurre

28 % de sucre semoule

15 % d'eau

Méthode sablage

Tarte & Sablé

100 % de farine

54 % de beurre

35 % de sucre semoule

(maximum 40% | texture plus dure)

20 % jaune d'oeufs

2 % d'eau

Méthode sablage ou crémage

Sablé à l'anglaise

100 % de farine

64 % de beurre

30 % de sucre semoule

Méthode Sablage

Sablé à l'italienne

100 % de farine

28 % d'amandes entières grillées

22 % de beurre

35 % de sucre

20 % d'oeuf

20 % de jaune d'oeufs

Méthode tout en un

Première cuisson en bloc.

Deuxième cuisson
sablé découpé

Sablé Fin

100 % de farine

60 % de beurre

32 % de sucre

15 % de jaune d'oeuf

Méthode sablage ou
crémage

Note importante : La farine utilisée est une farine de type biscuitière (pastry flour). L'utilisation d'une autre farine plus forte peut exiger un ajustement de la recette par l'augmentation du beurre, de préférence, ou du liquide. Le remplacement de la farine par 10 % à 20 % de fécule est envisageable.

PÂTES BATTUES

Introduction

Sous le terme de pâte battue se cache une série de produits. On y retrouve, entre autres, des cakes, dont la terminologie française signifie des produits dont la quantité de beurre et de sucre est inférieure à la farine, les quatre-quarts, la génoise, et le biscuit qui n'est autre qu'une génoise, dont on a séparé les jaunes des blancs. Aux États-Unis, les cakes sont classifiés différemment. Les cakes, à bas ratios, qui sont équivalents aux cakes français et les cakes à haut ratio où la quantité de sucre et de liquide est plus importante que la quantité de farine ou encore le sponge cake qui s'apparente au biscuit à la française. Tous ces produits ont beaucoup de ressemblance entre eux. Reste que la science n'explique pas toujours le comment du pourquoi de ces préparations ; des doutes subsistent. Malgré cette réalité, il est possible de définir les grandes lignes de ces produits de façon plus ou moins précise.

De nos jours, les appellations sont subjectives. Un même produit pourrait être réalisé de façon différente d'une boutique à une autre. Bien souvent, la forme, parfois la saveur, définit le produit. Prenons, l'exemple de la génoise à laquelle il a été ajouté du beurre qui lui avait été retiré dans les années 1950. Est-ce encore une génoise aux yeux de nos contemporains ou même auprès des pâtissiers ou devient-elle un quatre-quarts ou un biscuit beurré ?

Au lieu de mettre l'accent sur les appellations, la préférence a été de créer des familles de produits. À vous après de décider si votre produit devient une génoise, un cake, un biscuit au beurre ou un quatre-quarts allégé.

La France a fait du biscuit un produit léger et agréable. À son origine, le biscuit ne contenait pas de beurre. C'est le XIXe siècle qui développe et enrichit le biscuit. Toute une gamme de biscuit — avec et sans beurre, avec des œufs et/ou des jaunes, avec ou sans amandes, avec de la farine ou de farine de riz — vont voir le jour. Jamais n'a-t-on confectionné une aussi grande richesse de produit. La pâtisserie française du XIXe est inclusive. Elle fait entrer les produits européens (autrichien, allemand, italien, anglais) pour en faire des produits français. Le cake à l'anglaise se distingue alors d'un biscuit beurré du fait du rapport moins grand entre les œufs et la farine. Il faut rappeler que la présence de lait dans certaines préparations comme la madeleine sont une question de coût que de qualité comme le rappelle certains ouvrages de l'époque. Les boutiques d'alors cherchaient déjà à offrir un produit rentable et se sont mises à modifier les recettes. C'est ainsi que dès le début du XXe siècle la margarine a commencé à remplacer le beurre.

Classification

La classification des pâtes battues a été réalisée pour être en harmonie avec une pâtisserie artisanale de qualité et mettre fin à une classification de référence inspirée de l'industrie. L'histoire de la pâtisserie est à la source de cette classification.

La classification est déterminée selon le rapport entre les œufs et la farine. Cette classification permet la réalisation de toutes les pâtes battues de la pâtisserie française, et permet d'imaginer de nouveaux produits.

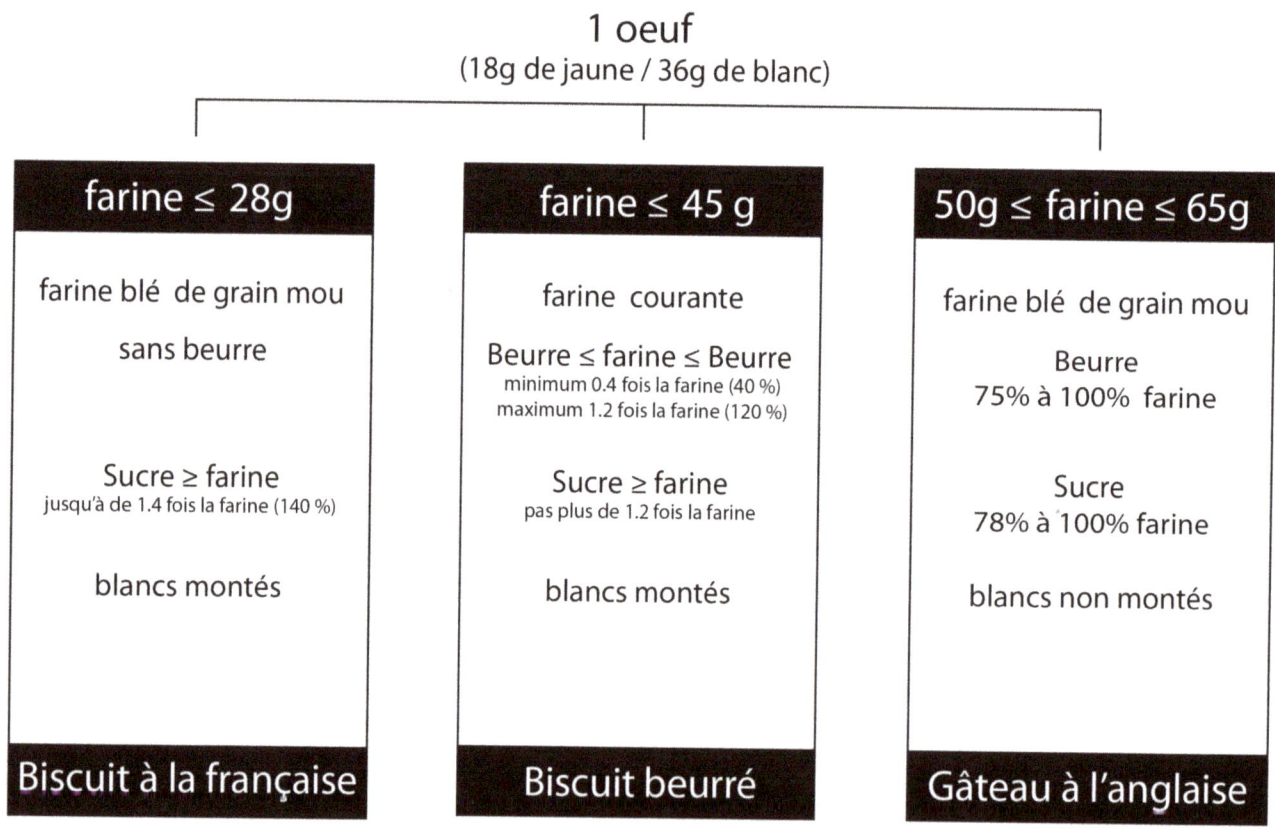

*Moins de beurre – farine blé de grain mou

Principe

Le grand principe de ces préparations est de maintenir les particules de sucre et surtout de farine en suspension dans un mélange d'œuf et éventuellement de matière grasse.

Ces particules se maintiennent en suspension lorsque la viscosité du mélange est suffisante ou encore que la préparation ait été suffisamment foisonnée. Foisonner signifie introduire de l'air dans le mélange en le fouettant. L'introduction d'air peut aussi se faire par l'ajout d'une préparation aérée comme les blancs en neige. Si le mélange est trop liquide, les particules de farine vont sédimenter. Les particules ne se maintiennent plus en suspension et descendent dans le fond de la préparation. Ceci est nuisible à la texture. Si le mélange est trop travaillé, la farine va absorber rapidement l'eau présente dans la préparation et augmenter le viscosité faisant perdre la légèreté à l'appareil. La préparation est alors plus compacte. La pâte semble prendre de la force. Cette prise de force n'est pas due au gluten comme souvent cela est dit, mais bien à la viscosité du mélange (absorption de l'eau par la farine). Cela se produit particulièrement lorsque la quantité de farine est plus importante que la quantité d'œufs. Le gluten ne se développe pas dans les pâtes battues du fait de la présence importante du sucre. Les molécules d'eau nécessaires à la formation du gluten se lient aux molécules de sucre et ne permettent pas aux protéines de la farine de former le réseau glutineux comme cela a été expliqué dans le chapitre des pâtes friables. La viscosité n'est pas la seule raison de cette prise de force. Lorsque les blancs d'œufs, non montés, sont mélangés de façon soutenue, ils tendent à donner une certaine élasticité au mélange qui devient compact. La texture devient alors moins agréable à la dégustation. Ce phénomène se produit surtout en présence d'une plus faible quantité de sucre par rapport à la quantité de farine.

L'état de la matière grasse va avoir aussi de l'influence sur la préparation soit en diminuant la viscosité, soit en étant nuisible aux bulles d'air. Lorsque le beurre est en crème, il participe à l'aération du produit et à la viscosité du mélange..

La farine

Il faudra deux types de farine selon le type de produit à réaliser.

Pour le type, gâteau à l'anglaise, ou le type, biscuit à la française, il faudra une farine issue d'un blé dont le grain est mou comme pour les pâtes friables. Ce type de farine favorisera la légèreté du produit et son volume.

Pour le type biscuit beurré, le choix d'une farine plus forte en protéines conviendra davantage. Il pourrait s'agir d'une farine courante soit T55 ou T45 ou « Tout Usage » (Amérique du Nord). En France, certaines meuneries proposent des farines pâtissières à usage spécial dont la teneur en protéines est faible. Ce type de farine pourrait aussi convenir au biscuit beurré.

Il est possible de remplacer une part de ces farines avec 10 % à 20 % de fécule de riz ou de fécule de pomme de terre pour modifier les textures. Dans le cas des biscuits à la française, le choix de la fécule de riz est plus à propos. Dans les gâteaux à l'anglaise ou pour les biscuits beurrés l'une ou l'autre fécule conviendront en fonction de la texture recherchée. Les deux fécules donneront des résultats différents. Les particules de fécule de riz sont très fines alors que celles de pommes de terre sont grosses. La grosseur des particules influence la friabilité et le fondant. La texture de l'amidon de riz donne plus de fondant dans des produits comme les gâteaux à l'anglaise et plus de légèreté dans les biscuits à la française. La fécule de pomme de terre améliore la texture des gâteaux à l'anglaise.

Méthode de réalisation

Il existe plusieurs méthodes de réalisation pour ces préparations. Chacune d'elle a leur intérêt. Certaines sont plus connues, d'autres nouvelles dans l'artisanat.

Le crèmage

Application : gâteau à l'anglaise. (recette utilisée pour les analyses : 100 % de farine, 75 % de beurre, 80 % de sucre, 1 % de poudre à lever)

Le principe du crèmage est de fouetter le sucre et le beurre en crème et d'ajouter ensuite les œufs puis la farine.

En France, l'ajout de farine se fait délicatement à la spatule. En Amérique du Nord et dans l'industrie, elle se fait avec un fouet. Le fouet est préconisé surtout lorsque la quantité est importante. La texture est meilleure à condition de respecter la durée du mélange pour chaque ingrédient incorporé. L'industrie compte 10 min pour le crémage, 5 à 6 min pour les œufs et 3 min pour la farine.

Le beurre + le sucre

Le beurre mis en crème est fouetté avec le sucre pour introduire de l'air.

Pour introduire de l'air, il faut que la viscosité soit suffisante, mais pas exagérée. Un produit liquide comme l'huile ne permettra pas d'incorporer de l'air en présence de sucre. Un beurre en crème à température ambiante 20 °C n'a pas la viscosité requise. La matière grasse est encore solide, même si elle est « tartinable ». Selon certaines études la viscosité du beurre à 20 °C serait suffisante pour permettre à la fois d'entrer de l'air et de le maintenir. Cependant, les expériences menées montrent qu'à 25 °C davantage de triglycérides ont fondu, la matière grasse est encore crémeuse, mais d'une plus grande souplesse ce qui permettra de faire entrer davantage d'air.

Au fur et à mesure du mélange, les triglycérides vont se cristalliser et permettre d'emprisonner l'air. Si la température du beurre est trop froide, le beurre va se durcir plus rapidement et permettre à moins d'air d'être présent dans le mélange. Il faut aussi tenir en compte de la température de la pièce. Dans une pièce à 25 °C, il est préférable d'avoir un beurre à 20 °C alors que dans une pièce à 18 °C il est préférable d'avoir un beurre à 25 °C.

L'ajout de sucre dans le beurre en crème est essentiel, car il contribue à faire entrer davantage d'air dans le mélange. Le sucre glace trop fin donne de moins bons résultats comme le sucre cristallisé dont les particules sont trop grosses. Le mélange est prêt lorsqu'il a blanchi tout en ayant conservé une certaine souplesse.

Le beurre + le sucre + les oeufs + la farine

Les œufs entiers doivent être à la même température que le mélange de beurre et de sucre dans lequel ils sont introduits. Il est recommandé d'ajouter les œufs un à un pour éviter que le mélange se sépare et le beurre ne graine pas. Ce mélange est considéré comme une émulsion d'huile dans l'eau (H/E). Certains scientifiques prétendent qu'il s'agit davantage d'une émulsion, eau dans l'huile (E/H).

L'observation visuelle montre une « désorganisation » dès l'introduction de l'œuf dans le mélange beurre-sucre. Un mélange soutenu au fouet permet de réorganiser la préparation pour lui donner un aspect homogène. Cette désorganisation expliquerait-elle le changement de type d'émulsion ?

Mais y a-t-il réellement émulsion puisqu'une partie des triglycérides du beurre est à l'état solide ? Le système est en réalité plus complexe qu'une émulsion. Cette complexité explique la raison pour laquelle, il est difficile de déterminer exactement la nature du mélange beurre, sucre et œufs.

Tentons de comprendre ce qui se produit afin d'avoir une meilleure maîtrise du crémage et mieux interpréter les déconvenues qui pourraient survenir.

Analyse du crèmage

Constatation N°1

Contrairement à une émulsion classique, la matière grasse, le beurre, n'est pas à l'état liquide. D'autre part à cette émulsion s'ajoute le sucre. Le sucre favoriserait la stabilité de l'émulsion. L'œuf entier apporte à la fois l'émulsifiant (le jaune d'œuf) et le liquide (l'eau du blanc d'œuf et du jaune d'œuf). Le jaune d'œuf n'est pas le seul à agir comme émulsifiant. Les protéines du blanc d'œuf peuvent aussi générer une émulsion du type huile dans l'eau.

Constatation N°2

Le crémage est réalisé de façon inverse à l'émulsion H/E (huile dans l'eau). Le liquide (les œufs) est dispersé dans la matière grasse (le beurre) dans laquelle est dispersé le sucre. C'est comme si la mayonnaise était réalisée en ajoutant le jaune d'œuf au mélange d'huile et de sel. Cette inversion de l'ordre des ingrédients dans le crémage est à la fois possible et nécessaire, car le beurre n'est pas fondu.

Constatation N°3

L'éventuel grainage, qui peut se produire, est davantage dû aux variations de température. Une baisse de la température favorise le durcissement du beurre. Moins il y a de triglycérides fondus, moins il y a de matière grasse disponible pour s'émulsifier avec l'eau.

L'émulsion

Une émulsion est une dispersion de deux liquides qui ne se mélangent pas (en science on parle de deux liquides non miscibles), l'un étant en suspension dans l'autre telle que l'eau et l'huile à laquelle on ajoute un tensioactif — ou agent de surface — qui permet à l'eau et à l'huile de créer un mélange homogène, car les tensioactifs sont des molécules amphiphiles c'est-à-dire qu'elles sont à la fois hydrophiles et lipophiles et de ce fait peuvent s'accrocher autant à l'huile (lipophile) qu'à l'eau (hydrophile) et donc unissent l'eau et l'huile. On parle alors d'émulsion, huile dans l'eau (H/E) ou d'eau dans l'huile (E/H). C'est-à-dire que l'huile est dispersée dans l'eau, où l'eau est dispersée dans l'huile..

Photo A : Émulsion huile et blanc d'œuf

Photo B : Émulsion huile et blanc d'œuf + sucre (le mélange est cette fois plus ferme, car la quantité de sucre est importante. La couleur est moins opaque et plus brillante du fait que le sucre se soit lié à l'eau des blancs d'œufs)

Photo A

Photo B

Constatation N°4

Au moment de l'ajout de l'œuf dans le mélange beurre et sucre, le blanc d'œuf semble enrober l'ensemble des ingrédients présents. Ce n'est qu'une constatation visuelle ! Ceci ne se produit pas si on remplace les blancs d'œufs par de l'eau. En fouettant la préparation, les triglycérides du beurre commencent à durcir et favorisent la cohésion du mélange et sa solidité. Si le mélange est trop monté ou la pièce est trop froide, les triglycérides du beurre se durcissent trop rapidement ; le mélange graine. La stabilité du mélange serait due davantage aux protéines des blancs d'œufs qu'à ce dû jaune d'œuf.

Pour être certain du rôle des protéines du blanc d'œuf, le crémage a été réalisé en remplaçant le blanc d'œuf par de l'eau.

Le poids de l'eau est celui du poids de l'eau dans un blanc d'œuf soit environ 88 % du blanc d'œuf.

L'émulsion se produit, à condition de conserver le mélange à une température constante. Le résultat ressemble à une pâte grasse. Avec les blancs d'œufs, le mélange foisonne ; plus d'air est introduit. Le mélange ressemble davantage à une crème.

Conclusion

Le mélange est sans aucun doute plus complexe qu'une émulsion. La présence du blanc d'œuf a un rôle plus prépondérant que l'on aurait pu le penser. Fort probablement, ses protéines ont davantage un rôle à jouer dans le mélange particulièrement dans le foisonnement, et ce, malgré la présence de la matière grasse.

Reconsidérons le crémage en respectant le principe de l'émulsion, huile dans l'eau H/E c'est-à-dire de disperser la matière grasse dans l'eau.

Le nouveau crémage

Le principe est de disperser le beurre fondu entre 25 °C et 27 °C sur un œuf entier à 20 °C. Le mélange est réalisé rapidement sans chercher à le foisonner. Ensuite, le sucre est ajouté et le mélange est monté au fouet. Le mélange va prendre du volume et donner le même résultat qu'avec le crémage avec un taux de foisonnement quasi similaire, voire meilleur. La conjonction des protéines des blancs d'œufs et la solidification des triglycérides permet ce résultat. Les protéines favorisent l'entrée des bulles d'air et la solidification des triglycérides permet de les retenir. Malgré la présence de la matière grasse, les qualités de foisonnement des protéines du blanc d'œuf n'ont pas été entravées. Ensuite, la farine est dispersée dans le mélange comme pour le crémage classique. À la cuisson, le résultat est identique. Le volume est légèrement supérieur.

Mélange Beurre - Oeuf

À noter : si le beurre fondu est ajouté aux œufs préalablement mélangés au sucre, le résultat est plus long à advenir. Le mélange ne gagne pas de volume et les triglycérides semblent prendre plus de temps à se solidifier. Le sucre en serait la cause. Il se lierait à l'eau et la rendrait moins disponible à générer l'émulsion et retarderait le foisonnement.

Force de constater, qu'il est plus facile de travailler avec un beurre fondu, de respecter le principe de l'émulsion, huile dans l'eau H/E et d'obtenir un excellent résultat. Beaucoup prétendaient que le beurre devait être crémé avec le sucre pour introduire de l'air. Ils avaient perdu de vue que le beurre est une matière grasse polymorphe comme le chocolat, c'est-à-dire que ces triglycérides fondent et se durcissent à différentes températures. Cette caractéristique permet la réussite du crémage avec un beurre fondu à condition d'amener progressivement le mélange final autour de 20 °C (température ambiante)

Au-delà de cette méthode, il faut comprendre que la viscosité de ces préparations doit être à point ; ni une trop forte viscosité ni une viscosité insuffisante si l'on veut obtenir un produit avec un beau volume et une belle forme arrondie.

Cependant, comme il a été mentionné dans les pâtes friables des produits bien structurés peuvent nuire au goût. En effet, la technique du crémage classique peut être considérée comme une technique déstructurée qui permet de mieux ressentir les saveurs particulièrement celle du sucré, le nouveau crémage est plus structuré et il emprisonne davantage les saveurs particulièrement le sucre. Le goût du sucre serait moins prononcé. Faites le test pour vous faire votre propre opinion. De pâte en pâte on constate que pour un meilleur ressenti des saveurs et plus exactement du sucre, il faut éviter qu'elles soient prisonnières d'une structure.

La méthode tout en un au robot

Application : gâteau à l'anglaise. Dans certains cas pour le biscuit beurré lorsque la quantité de farine se situe entre 40 % 45 % du poids des œufs.

Tous les ingrédients sont mixés au robot coupe afin d'obtenir un mélange homogène. Les ingrédients sont réduits en fines particules ce qui les maintient en suspension. Ce procédé apporte une finesse à la texture. Le robot coupe se comporte en quelque sorte comme un homogénéisateur. Cette technique nommée tout-en-un s'apparente à celle de l'industrie à la différence que l'industrie utilise le fouet ou la « feuille ». Le robot cisaille les protéines et l'amidon. Il est fort probable que cette transformation explique le moelleux de la mie. Cependant, cette méthode ne garantit pas de faire entrer plus d'air dans la préparation.

La méthode du sablage

Application : gâteau à l'anglaise.

Le principe est de crémer la farine et le beurre avant d'ajouter les autres ingrédients. Le produit obtenu est plus moelleux. Dans certains cas, la mie du produit peut être friable. Les triglycérides du beurre vont enrober l'amidon de la farine. L'amidon devient moins disponible à l'eau. L'eau est moins bien absorbée. Le gel formé par l'amidon est plus fragile et la préparation est plus moelleuse.

La méthode du sablage peut s'appliquer à la précédente. Il suffit de mixer le beurre et la farine avant d'ajouter le reste des ingrédients.

La méthode de l'émulsion

Application : biscuit beurré. Ce principe peut aussi servir pour le biscuit à la française lorsqu'il contient un peu de beurre.

Mélanger le jaune d'œuf tempéré, le beurre fondu et refroidi à 25 °C et le sucre. Monter le mélange jaune et sucre et émulsionner en ajoutant le beurre. L'ajout de 3 g à 4 g d'eau par jaune d'œuf peut être un atout pour une meilleure émulsion. Cet ajout reste facultatif.

Monter les blancs d'œufs avec maximum 1/4 de son poids en sucre. La moitié de la quantité au départ et la moitié de la quantité à la fin. Ce procédé permet de stabiliser le mélange.

Les blancs d'œufs doivent être arrêtés avant les premiers pics. Il ne faut surtout pas les monter de façon exagérée au risque qu'ils se rompent au moment d'être incorporés. Des blancs d'œufs tout juste montés s'intègrent bien mieux à la préparation.

Ajouter 1/4 de la farine à l'émulsion beurre, sucre, jaune. Cet ajout de farine permet d'agir comme isolant. Cela évitera le contact des blancs avec la matière grasse pour éviter de les faire retomber.

Puis incorporer 1/3 des blancs pour alléger le mélange.

Enfin ajouter le reste des blancs avec la farine tamisée. Le tamisage de la farine dépend de la texture de la farine. Le fait d'incorporer, en même temps la farine et les blancs en neige, permet une meilleure suspension de la farine et évite aux blancs d'œufs de retomber. En effet, si les blancs sont incorporés en une fois suivi de la farine il y aura un plus grand risque de perdre du volume et de corser le mélange.

La méthode des jaunes montés.

Application : biscuit à la française.

Les jaunes et le sucre sont montés jusqu'à ce que le mélange blanchisse et fasse le ruban. Lorsqu'on soulève la préparation et qu'elle retombe, elle ressemblerait à un ruban qu'on aurait laissé dérouler. Il est conseillé d'ajouter 3 g à 4 g d'eau par jaune d'œuf pour favoriser le foisonnement de la préparation ainsi qu'une meilleure dissolution du sucre. Cet ajout reste facultatif.

Monter les blancs d'œufs avec maximum 1/4 de son poids en sucre mis en fin de préparation. Ce procédé permet de stabiliser le mélange.

Les blancs d'œufs doivent être arrêtés avant l'apparition des premiers pics. Il ne faut surtout pas les monter de façon exagérée au risque qu'ils se rompent au moment d'être incorporés. Des blancs d'œufs montés moins fermes s'intègrent bien mieux à la préparation.

Puis incorporer 1/3 des blancs d'œufs pour alléger le mélange.

Enfin ajouter le reste des blancs d'œufs avec la farine tamisée. (le même principe que pour la méthode de l'émulsion)

La forme et la texture (cuisson)

La forme du gâteau dépend de la quantité du sucre, de la manière dont le mélange a été effectué, de la méthode de réalisation, de la température de cuisson et de la quantité de poudre à lever.

L'influence du sucre

Le sucre confère le moelleux au produit. Le sucre retarde la gélatinisation de l'amidon et la coagulation des protéines. Plus il y a de sucre, plus la préparation va gonfler. Le retard pris par la coagulation des protéines permet à la vapeur et au CO_2, résultat de la poudre à lever, de gonfler l'appareil.

Dans les préparations bien sucrées, on conseille de choisir une température de cuisson plus basse, car le sucre favorise la coloration du produit. Un sucre, dont la granulométrie est trop importante, peut laisser apparaître sur la surface des points noirs ou marron (du sucre caramélisé)

Application : gâteau à l'anglaise | produits sans blancs montés

Si le poids de sucre est en dessous du poids de la farine, la préparation peut être moins volumineuse sauf en présence de poudre à lever. La préparation peut même générer une bosse. C'est le cas de la madeleine.

Au-delà d'une certaine quantité sucre (120 % du poids de la farine), la préparation peut s'effondrer plus encore en présence de poudre à lever.

Application : biscuit beurré | biscuit à la française.

Lorsque les blancs d'œufs sont montés en neige, le produit maintient son volume même en présence d'une quantité importante de sucre. La quantité de sucre peut atteindre jusqu'à

140 % de sucre du poids de la farine sans s'effondrer à condition qu'il n'y ait pas de trop beurre. En présence de beurre, la tolérance est moins grande..

L'influence de la poudre à lever

La poudre à lever va influencer le volume et la texture du produit.

Une grande quantité de poudre à lever peut donner une mie friable. Elle peut aussi provoquer l'effondrement du produit après la cuisson surtout lorsque les blancs d'œufs ne sont pas montés.

Stanley Cauvain et Linda Young ont démontré que pour obtenir le volume optimum la poudre à lever devrait représenter 2,5 % du poids total de la préparation. En fonction du type de produit et de la texture recherchée, ce montant peut être revu à la baisse.

Exemple : dans un muffin, la valeur est inférieure à 2,5 % et représente environ 5 % à 6 % du poids de la farine.

La quantité de poudre à lever dépendra beaucoup de la densité du produit. Plus le produit est léger (moins riche en beurre, plus riche en œufs), moins la quantité de poudre à lever sera importante. La poudre à lever n'est pas nécessaire dans des produits contenant des blancs d'œufs montés en neige. Cependant, son ajout pourrait apporter une légèreté supplémentaire.

La poudre à lever est composée de bicarbonate de sodium ce qui produit le gaz, d'un acide qui va agir sur le bicarbonate pour accélérer ou ralentir son action, et de l'amidon pour protéger l'acide du bicarbonate afin d'éviter que le processus ne se déclenche.

Le type d'acide va déterminer la rapidité à laquelle le bicarbonate va agir. Certains acides peuvent laisser une certaine amertume au produit ou un arrière-goût.

Le choix d'une poudre à lever à action lente ou très lente sera privilégié pour avoir le maximum de volume au four.

La poudre à lever peut avoir un effet négatif si la température de cuisson est trop basse et le beurre et le sucre sont en plus faible quantité par rapport à la farine. Si la viscosité est trop importante, les bulles d'air gonflées par le CO_2 de la poudre à lever peuvent difficilement s'échapper et vont éclater et créer des tunnels. Dans le cas où la température de cuisson serait plus élevée, la pression exercée par les bulles d'air entraîne un effet de volcan qui fait surgir une bosse et peut entraîner une coulée de la préparation qui ressemble à la lave.

Texture avec tunnel
Dôme en pic

Texture homogène
Dôme plus arrondi

La taille des bulles d'air aurait plus d'importance que la quantité d'air introduit selon l'auteur Clyde E. Stauffer dans le livre «Functionnal Additives for bakery». Lorsqu'on introduit de l'air dans une préparation, les bulles peuvent être de différentes tailles et en plus ou moins grande quantité.

La manière dont le mélange s'effectue influencera la quantité et la taille. Un mélange insuffisant entraînera des bulles de tailles disparates et en quantité insuffisante. Un mélange soutenu donnera davantage de plus petites bulles mieux réparties. Le CO_2 dégagé par la poudre à lever va permettre de faire grossir les bulles et favoriser leur gonflement. Ces bulles vont migrer vers la surface et faire gonfler la préparation. Si les bulles ne s'échappent pas et éclatent, cela entraîne l'effet de tunnel. C'est pourquoi dans le cake, il est préférable de former de plus

petites bulles bien dispersées pour obtenir une texture fine et un bon volume. C'est ce qui se produit avec la méthode au robot coupe. Il est donc important de mélanger la préparation suffisamment, mais pas en excès.

Ce phénomène ne se produit pas si la quantité de beurre est importante (égale au poids de la farine). L'intérêt du gâteau à l'anglaise ce sont des préparations moins sucrées auxquelles il est possible d'ajouter des fruits confits et/ou des fruits secs macérés dans un sirop ou de l'alcool.

L'influence des oeufs

Les nombreux tests menés sur ces produits montrent que le rapport jaune et blanc est important d'où la nécessité de peser jaunes et blancs d'œufs. Idéalement, il devrait avoir 18 g de jaunes pour 36 g de blanc surtout dans des préparations légères comme les biscuits. Dans le cas de la génoise, où les œufs sont utilisés entiers, des tests ont démontré que l'on ne pouvait ni se fier au poids des œufs, ni à leur nombre, car en fin de compte la quantité de jaunes et de blancs est disproportionnée avec pas assez de jaunes et trop de blancs. D'autre part, l'utilisation d'ovoproduits n'est pas l'idéal, car la protéine des jaunes autant que des blancs est souvent dénaturée par le traitement de chaleur que les œufs subissent.

Les jaunes d'œufs en grand nombre peuvent densifier la texture et la rendre friable.

Les blancs d'œufs raffermissent la texture et peuvent la rendre élastique. Cette élasticité disparaît en présence suffisante de sucre. Cependant, le sucre peut rendre la préparation collante. Ce collant disparaît avec la présence de beurre et/ou de jaunes d'œufs. En fonction dont le sucre est incorporé, le collant pourrait persister surtout si le sucre est mélangé directement aux blancs d'œufs. C'est d'ailleurs l'une des raisons du beurre chaud mis dans le financier. Si le financier était réalisé comme un cake, le produit aurait été collant sous la dent. Le côté craquant de la croûte du financier est dû à l'effet des blancs d'œuf et du sucre. Si le financier était réalisé en faisant une émulsion du beurre et des blancs d'œufs, à laquelle seraient ajoutés les amandes et le sucre, le résultat serait totalement différent. Le collant disparaîtrait du fait de l'émulsion du beurre et du blanc d'œuf.

L'influence des autres liquides

Dans les produits comme les gâteaux à l'anglaise, l'apport d'eau, de lait ou de crème permettent d'attendrir le produit. Le muffin américain est basé sur la recette d'un gâteau à l'anglaise à laquelle on ajoute une certaine quantité d'eau ou de lait et un montant conséquent de poudre à lever pouvant aller jusqu'à un maximum de 6 % du poids de la farine. La quantité d'œufs est divisée, parfois, par deux ce qui permet d'ajouter davantage de l'eau. Dans ce cas, on préfère utiliser une farine courante.

L'influence du beurre

Le beurre contribue au fondant. Il apporte de la souplesse à la texture.

Le beurre alourdit le mélange

Le beurre pourrait être remplacé par de l'huile dans le gâteau à l'anglaise soit intégralement soit partiellement. Il est essentiel de rajouter alors de l'eau. Il faut 82 % d'huile et 16 % d'eau par rapport au montant initial de beurre. La présence d'émulsifiant peut être nécessaire.

Les amandes dans les pâtes battues

Ajouter des amandes ou des noisettes en poudres pose un certain nombre de problèmes.

Le principal problème est la présence importante de fibre et l'absence substantielle d'amidon. La crème d'amande est un bon exemple. La crème d'amandes n'est autre qu'un biscuit beurré.

Soit pour 1 œuf 40 g d'amandes 40 g de sucre 40 g de beurre.

Les amandes ont remplacé la farine. Contrairement à un biscuit beurré, l'appareil ne peut pas prendre de volume faute entre autres d'amidon, de la présence des fibres des amandes, mais aussi de l'absence des protéines de la farine. Même si les amandes contiennent des protéines, elle n'aurait pas les qualités des protéines de la farine (je ne fais aucune allusion au gluten puisque le gluten ne se développe pas dans ces préparations. En l'absence de la formation du gluten, les protéines jouent un rôle structurant). La préparation va donc être plus ou moins compacte. Elle peut paraître plus sèche si le beurre est mis en crème, car, aussi étonnant que cela puisse paraître, le beurre fondu donne un produit plus moelleux. Du fait de l'importance des fibres, la préparation devrait être plus riche en liquide et moins riche en beurre pour apporter plus de légèreté. Les blancs d'œufs pourraient même être montés en neige. L'ajout de poudre à lever pourrait participer à l'aération du produit. Cependant malgré ces remarques la crème d'amande reste particulièrement fondante et agréable à déguster. Elle pourrait être servie presque comme un gâteau sans tarte. Elle reste cependant une préparation lourde pour les estomacs délicats comme les médecins du XIXe siècle n'auraient pas manqué de le souligner.

La difficulté des biscuits beurrés aux amandes c'est d'arriver à équilibrer la quantité de farine et d'amandes en poudre. L'ajout, uniquement d'amidon, ne suffit généralement pas.

Les amandes conviendraient davantage à des biscuits plus hydratés que des produits dont la farine est égale ou supérieure à 80 % du poids des œufs. C'est bien pourquoi les biscuits à la française aux amandes donnent de meilleurs résultats du fait de l'absence de beurre et d'un produit plus riche en œufs (hydratation).

Il faut arriver à trouver le bon ratio amandes/farine. Dans mon premier livre, j'avais indiqué qu'un 1,2 g à 1,5 d'amandes pouvait remplacer 1 g de farine. Cette mesure est purement arbitraire. Aujourd'hui, j'aurais tendance à inverser les pourcentages soit 1 g d'amandes remplacerait 1,5 g à 1,2 g de farine du fait que les amandes absorbent plus d'eau.

Si l'on part sur l'exemple d'un biscuit beurré soit 1 œuf pour 40 g de farine 40g de sucre 40g de beurre. Si l'on remplace 20 g de farine par des amandes, il faudra 17 g à 14 g d'amandes en poudre. On pourrait alors augmenter la quantité de liquide en rajoutant des œufs, de diminuer la quantité de beurre et plus ou moins augmenter la quantité de sucre.

Cependant, il reste une certitude, plus il y a d'œufs, moins il y a de beurre, plus il y a de la poudre d'amandes, moins il y a de farine.

Conclusion

Ces pâtes dites battues, malgré leur simplicité apparente, restent d'une grande complexité si l'on souhaite obtenir la texture optimum. Les possibilités sont tellement grandes que les essais peuvent être nombreux. Ceci explique la si grande diversité de ces produits dans les livres du XIXe siècle qui malheureusement ont été réduites grandement après les années 1960. Peut-être serait-il temps de les redécouvrir, car ils pourraient enrichir à nouveau la pâtisserie en prenant plus de place qu'ils ne prennent aujourd'hui.

Moins de crème, un peu plus de biscuits ou de gâteaux beurrés donneraient un nouveau look au dessert, apporterait de nouvelles textures et permettrait de renouer avec la tradition française.

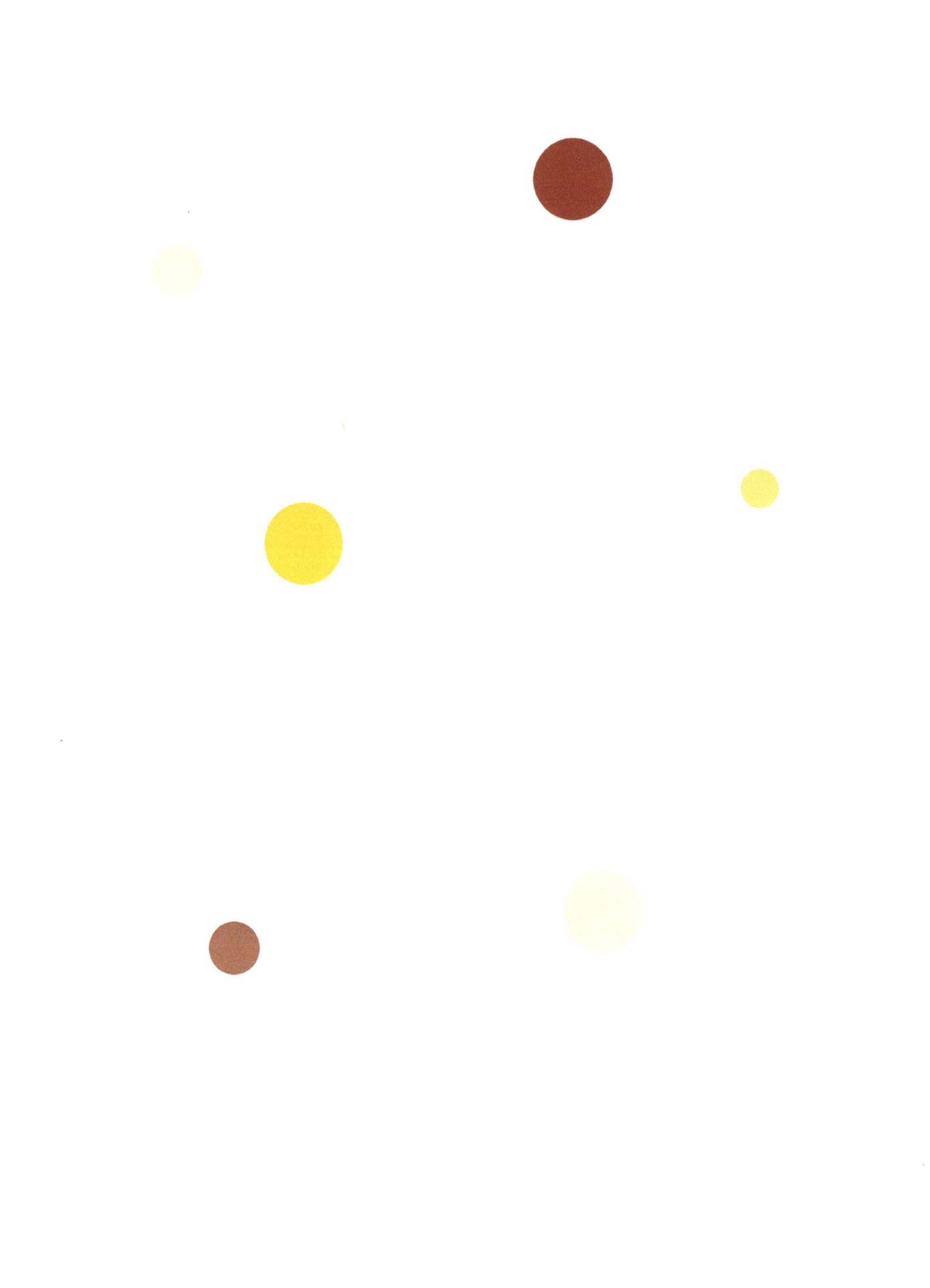

RECETTES

Biscuit à la française

100 % de farine biscuitière

200 % oeuf

130 % de sucre semoule

2% poudre levante (facultati)

Méthode : jaunes montés

Gâteau à l'anglaise

100 % de farine

biscutière ou

biscuitère et courante

courante + fécule

100 % oeuf

78 % de beurre

85 % de sucre semoule

3% Poudre Levante

Méthode Crémage

Biscuit au beurre

100 % de farine courante

150 % d'oeuf

100% de beurre

120% de sucre

2% poudre levante (facultati)

Méthode de l'émulsion

PÂTES LEVÉES

Introduction

La brioche, produit emblématique parisien, s'est fait connaître à travers le monde, où elle est sujette à des variantes. Si la parisienne est à tête, ailleurs la brioche peut être roulée, en rectangle, être ronde ou parfumée. La brioche a ainsi renoué avec sa définition d'origine. Brioche désignait les produits levés à base de levure enrichis d'œufs et de beurre avant de devenir la brioche parisienne au milieu du XIXe siècle. La brioche fut un gâteau salé, et pour cause, les levures de l'époque n'avaient pas le pouvoir de gérer de grande quantité de sucre. Ainsi, à travers l'Europe, ces gâteaux levés, aux longues fermentations, ont fait le bonheur des grandes tables. Si en France la levure domine, en Italie c'est le levain qui a conservé sa primauté. Ainsi le panettone est une brioche sucrée au levain.

De nos jours, la brioche et le panettone se sont considérablement enrichis en sucre près de 12 % du poids de la farine pour la brioche et 30 % à 40 % pour le panettone. Ces produits sont légers à la dégustation lorsqu'ils sont bien levés. Bien souvent, la recette impressionne lorsqu'on voit des quantités de beurre de 600 g à 700 g ou de sucre 150g à 400 g par kilo de farine sans parler des œufs qui peuvent aller jusqu'à 15 œufs à 24 jaunes par kilo de farine. Pourtant, la recette n'est pas aussi riche qu'elle le laisse paraître lorsque le sucre ou la matière grasse sont calculés sur le poids total du produit. La teneur en sucre et en beurre est alors beaucoup plus raisonnable. Certes, cela reste des produits caloriques, mais il ne faudrait pas s'en priver pour autant. Il suffit de leur donner la place qu'ils méritent. Ces produits accompagnent un petit déjeuner, un repas léger, ou s'apprête parfaitement pour l'heure du thé ou du goûter. Il fut ainsi hier et il pourrait l'être tout aussi bien demain.

La réussite de ces produits dépend de la qualité des ingrédients, de l'équilibre de la recette, d'une conduite irréprochable de la fermentation et d'une cuisson adaptée. Pour ce faire, il est impératif de connaître ces ingrédients et de bien comprendre le processus de réalisation des pâtes levées pour tendre vers l'excellence.

La farine

C'est dans le champ que tout prend naissance, la manière de cultiver le blé, le climat, la saison d'ensemencement, la variété du blé, mais aussi, et surtout, la dureté du grain va influencer le rapport ténacité/extensibilité.

Protéines

Les protéines insolubles représentent environ 80 % à 85 % des protéines. Elles sont constituées de gliadines et de gluténines. Au contact de l'eau, ces protéines s'associent et forment le gluten. Le gluten est l'armature qui permet d'apporter la flexibilité au produit. Les gliadines agissent sur l'extensibilité et les gluténines sur la ténacité. Le rapport ténacité/extensibilité influence la structure, la texture et le volume des produits. Ce rapport est lui-même influencé par l'élasticité du gluten.

L'élasticité traduit le rapport entre la ténacité, qui représente la grosseur de l'élastique, et l'extensibilité qui représente la grandeur de l'élastique.

Pour comprendre la notion d'élasticité et d'extensibilité, j'ai imaginé une théorie, la théorie de l'élastique. En effet, un élastique est un jeu de force (l'élasticité) qui se partage entre ténacité et l'extensibilité. Pour ce faire, il suffit d'acheter des élastiques de différentes grosseurs et de différentes grandeurs pour bien comprendre ce qui se passe lorsqu'on travaille la pâte à pain.

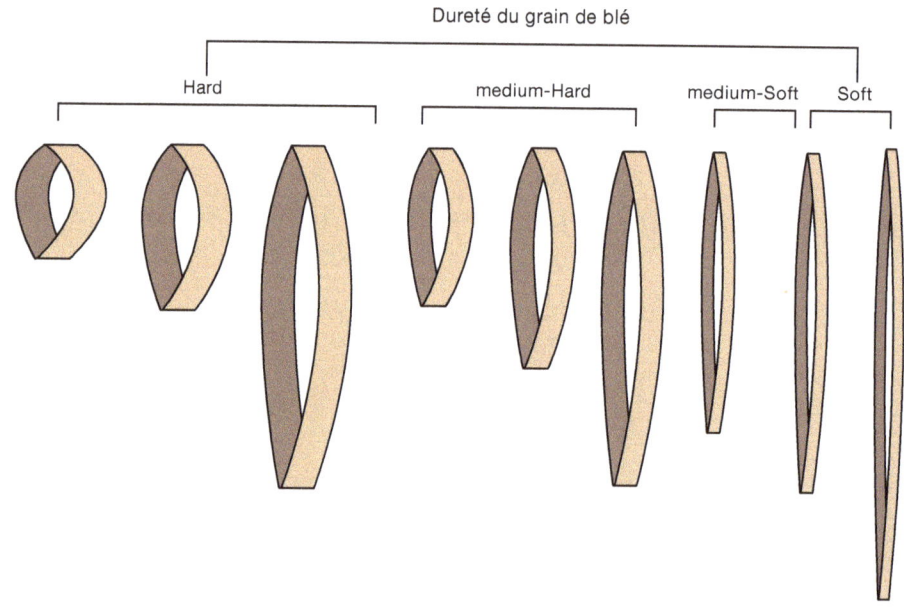

Un élastique plus fin et long va pouvoir s'étirer de façon très aisée. Il n'y a pratiquement pas de résistance, il peut même arriver à ce qu'il cède si on l'étire de trop. Si l'élastique est plus court, une certaine résistance se manifeste par le fait d'une extensibilité moins importante, mais il finit par céder si la force exercée est importante. Par contre si l'élasticité est plus forte, c'est-à-dire que l'élastique est plus large, la résistance à la rupture est plus forte, quelle que soit la longueur de l'élastique.

À noter : une farine avec une forte ténacité à l'alvéographe et une très faible extensibilité ne donne pas toujours une farine élastique. Cela peut se traduire par une farine qui se relâche et peut être collante. Parfois ces farines sont déclassées.

Les farines blanches sont issues du cœur du grain de blé. C'est-à-dire une très grande partie de l'enveloppe du blé est absente de la farine. Plus le taux d'extraction est bas plus, plus l'extraction est importante, plus la farine est blanche. Pour 1 kg de blé, extraire 70 % à 75 % de blé donne une farine blanche. Extraire 98 % donne une farine entière ou complète. Pour connaître le taux de minéraux d'une farine, il faut la brûler. Les cendres, qui en résultent, correspondent au pourcentage de minéraux présents dans la farine. Ce pourcentage déterminera le type 45, 55, 65. Plus le nombre est bas, plus la farine est blanche. Ainsi, le type 45 ou type 55 n'indique rien d'autre que la quantité de minéraux et la blancheur de la farine. En aucun cas, le type n'apporte une information rhéologique sur la farine.

Dans le cas des produits de type brioche ou panettone, on choisit des farines plus ou moins blanches T45 — T55. Ma préférence va pour des T55, question de goût. La présence des minéraux et des fibres peut avoir un effet délétère sur le gluten puisqu'ils retiennent une partie de l'eau nécessaire à sa formation.

Amidon

La farine est composée à plus de 70 % d'amidon. L'amidon joue un rôle important sur la texture et la structure du produit. L'amidon est composé d'amylose qui agit comme un gel et d'amylopectine qui agit sur la viscosité, selon les amidons le rapport amylose/amylopectine peut varier et offrir des textures différentes. Dans le blé, il existe une certaine constance même si le rapport amylose/amylopectine peut connaître des variations en fonction des types de blé, du climat, de la manière dont le blé a été cultivé. La gélatinisation de l'amidon du blé se fait à 60 °C. En présence de sucre, la gélatinisation de l'amidon est retardée. Dans ce cas, la gélatinisation se produit à des températures supérieures à 60 °C.

Le pétrissage n'a pas pour unique but le développement du gluten. Le pétrissage a aussi pour but d'obtenir une parfaite hydratation et répartition de l'amidon. De façon imagée, le gluten est comme une armature et l'amidon comme une toile qui l'habille.

Enzymes

L'indice de chute, ou l'indice de Hagberg indique l'activité des alpha-amylases de la farine, une enzyme qui s'attaque à l'amidon endommagé de la farine pour le transformer en sucre. Plus l'indice est élevé (les blés hard/medium-hard), plus l'activité est faible. Plus l'indice est bas, plus l'activité est importante. L'amidon endommagé est l'amidon qui subit une détérioration durant la mouture. Cela se produit de façon plus conséquente avec les blés dont les grains sont durs. Cet endommagement rend l'amidon plus sensible aux alpha amylases.

Les alpha-amylases attaquent l'amidon endommagé pour le transformer en dextrine. La dextrine est à son tour transformée en maltose par une autre enzyme présente dans la farine, les beta-amylases. En présence de glucose, et de fructose, le maltose reste un sucre de réserve. Il n'est utilisé par la levure que lorsque le glucose a été consommé. Nous verrons plus tard que cela n'est pas toujours le cas.

Le taux d'amidon endommagé a la particularité d'absorber beaucoup d'eau ce qui peut nuire à la pâte et à sa texture. L'amidon endommagé influence positivement la ténacité et négativement l'extensibilité. L'art du meunier permet d'arriver dans une certaine mesure à contrôler le taux d'endommagement de l'amidon.

La présence de cette enzyme favorise l'activité fermentaire, la saveur, la coloration, la texture et le volume du produit. Un indice de chute idéal se situe entre 250-280. Il va donner davantage de volume, une texture de mie plus aérée et une belle coloration.

Pour les pâtes levées sucrées, il est préférable d'avoir un indice de chute élevé. Un indice de chute moyen est souvent issu d'une farine moins tenace qui risque d'être trop fragile pour des produits riches en sucre. Cet indice de chute élevé ne défavorise pas le volume de ces produits du fait de la présence du sucre. Le sucre va influencer l'extensibilité de la farine, retarde la coagulation des œufs, de l'amidon et des protéines à la cuisson et donc favorise le volume.

Un indice de chute très élevée peut être corrigé par l'ajout d'enzymes sous forme de sirop de malt diastasique (diastasique : signifie que les enzymes sont présentes), de farine de blé germé ou d'extrait de malt.

Attention, un excès de malt peut avoir des conséquences néfastes en fragilisant la ténacité et en augmentant l'extensibilité, mais aussi en favorisant une plus grande coloration des produits. Dans certains cas, il peut rendre la pâte collante et donner une couleur rouge au produit.

Une étude (The effect of amylolytic activity and substrate availability on sugar release in non-yeasted doughNore Struyf *, Joran Verspreet, Christophe M. Courtin) a démontré que malgré un indice de chute élevée, les beta — amylases pouvaient apporter les sucres nécessaires à la fermentation, en l'occurrence le maltose. Ainsi malgré un indice de chute élevée, la farine aurait du sucre de réserve pour supporter la fermentation.

Le rôle de l'extensibilité

L'extensibilité a un rôle prépondérant dans le résultat final des pâtes levées à condition d'avoir une ténacité suffisamment forte pour soutenir cette extensibilité.

Pour illustrer mon propos, voici le comportement de différentes pâtes en fonction de la variabilité de la ténacité et de l'extensibilité.

Ténacité forte - extensibilité faible

 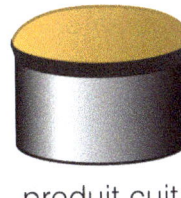

pâte produit cuit

Un gluten trop élastique peut générer une trop forte résistance si l'extensibilité n'est pas suffisamment grande et la ténacité trop forte. Le volume montera à la verticale sans prendre de l'expansion à l'horizontale ou faiblement. Cependant, l'extensibilité n'étant pas suffisante, le volume ne pourra pas être important.

Bonne Ténacité – Bonne extensibilité (équilibre)

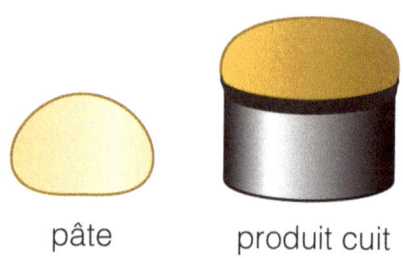

pâte   produit cuit

Dans ce cas de figure, les conditions sont idéales pour de plus longues fermentations et un produit plus volumineux à condition d'avoir mené à terme la fermentation. À l'alvéographe de Chopin, le P/L peut se situer autour de 0,6-0,7. Un tel P/L est significatif que si l'on connaît la valeur du P (ténacité) et du L (extensibilité). En effet, un P/L de 0,6 peut avoir une faible ténacité. Dans ce cas, la pâte n'aura pas la force nécessaire pour résister à un produit riche en sucre et en beurre. Il est important d'en tenir compte afin de réajuster la recette.

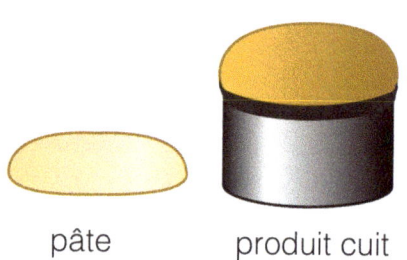

pâte   produit cuit

Dans le cas des pâtes riches en sucre + de 20 % et bien hydratées, le sucre, le beurre vont affecter positivement l'extensibilité et négativement la ténacité et expliquer ce type de résultat.   Dans ce cas, il sera préférable de mettre le produit en moule. Si le produit n'est pas moulé, il risque de s'étaler durant la pousse même si au cours de la cuisson, il pourra se dresser et offrir un certain volume selon le type de farine et l'équilibre de la recette. C'est le cas du panettone.

Ténacité faible – grande extensibilité

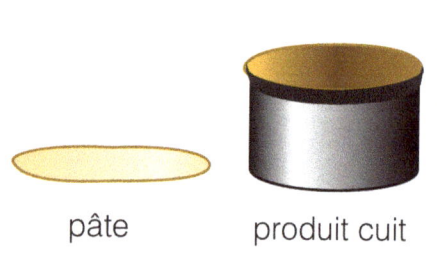

pâte   produit cuit

La ténacité est trop faible pour soutenir une aussi grande extensibilité. Le produit ne prendra pas de volume voire restera plat ou il s'effondrera à la cuisson.

Ce rapport entre ténacité et extensibilité est la clef de voûte des pâtes levées. En fonction de ce rapport, l'équilibre de la recette et la conduite de la fermentation seront ajustés.

La structure des pâtes levées enrichies

Toutes les pâtes levées enrichies, c'est-à-dire qui contiennent du beurre, du sucre, des œufs, se réalisent sur le même principe. Les ingrédients agissent de façon plus ou moins similaire en fonction de leur quantité. Pour des raisons pratiques, la brioche a été choisie comme référence pour les explications qui vont suivre.

Généralité

La brioche, comme bien des pâtes levées enrichies, est d'une structure complexe qui n'a pas encore révélé tous ses secrets. Cependant, l'observation de sa fabrication et les études, menées sur des pâtes similaires, permettent, aujourd'hui, dans dresser un portrait plus réaliste.

Plusieurs phénomènes se produisent dans la pâte et peuvent se résumer ainsi : émulsion de la matière grasse et des œufs, suspension de la farine, du sucre et du sel. Cette combinaison rappelle exactement le gâteau à l'anglaise vu dans le chapitre sur les pâtes battues. Si l'on se réfère à la manière dont la préparation se réalisait au XIXe siècle, la méthodologie est la même que le gâteau à l'anglaise. Le beurre est crémé avec le sel et le sucre auquel on ajoute les œufs et enfin la farine et la levure sous forme de levain-levure. À cette époque, le sucre était en très faible quantité maximum 3 %.

Les pâtes levées peuvent être qualifiées de gâteau levé. Rappelons-nous que la brioche et les pâtes levées furent appelées au XIXe siècle « gâteau » ou furent considérées comme telles.

« Un gâteau est une pâtisserie faite ordinairement de farine, de beurre, et d'œufs » (Dictionnaire de l'académie 1762 et 1884). La brioche ainsi que les pâtes levées appartiennent à cette catégorie. D'ailleurs dans ce même dictionnaire de 1762, il est écrit sous le mot brioche : *sorte de gâteau*. Il faut rappeler que l'avènement de la poudre à lever a fait basculer un certain nombre de pâtes levées en produit qui s'apparente au cake à l'anglaise. Il suffit de penser au Gugelhupf autrichien dont les produits contemporains ressemblent à des quatre-quarts alors qu'à l'origine c'était des pâtes levées. Rappelons aussi qu'au début du XXe siècle, on proposait des recettes de baba à la poudre à lever. Si de nos jours les pâtes de type cake à l'anglaise, quatre-quarts et autres gâteaux de voyage ont la cote, au XIXe siècle et aux siècles précédents, ce sont les pâtes levées qui furent très populaires. La venue de la poudre à lever a fait disparaître un certain nombre de ces produits levés.

La grande différence entre le cake à l'anglaise et les pâtes levées c'est la quantité de liquide et de sucre. Le liquide est plus important et le sucre moins important dans une pâte levée que dans un cake à l'anglaise.

Le fait de crémer le beurre avec la farine pour une pâte levée apporte une mie très moelleuse. Cette méthode est valable tant que la quantité de sucre n'est pas importante. Autrement, il y a un risque d'avoir une mie trop molle. Il faut rappeler qu'à l'origine cette méthode du crémage s'appliquait parfaitement bien aux produits comme la brioche du fait de la faible quantité de sucre soit 3 % à 6 % maximum du poids de la farine. La méthode du sablage, présentée dans les livres précédents de Berry Farah, est un excellent compromis entre les méthodes d'hier et d'aujourd'hui tout en préservant la qualité de la méthode du crémage. L'instauration vers la fin du XXe siècle de l'incorporation du beurre en fin de pétrissage a nécessité l'ajout de plus de sucre pour pallier à une mie plus sèche.

Cette introduction du beurre en fin de pétrissage, du moins telle qu'elle est pratiquée de nos jours, est un non-sens. On introduit le beurre dans une pâte déjà formée avec pour conséquence une déstructuration de la pâte puis une restructuration de la pâte une fois que le beurre a pénétré dans la pâte. C'est la raison pour laquelle la méthode du sablage vu dans le chapitre des pâtes friables est un choix plus approprié.

De nombreux traités technologiques et études scientifiques affirment qu'en mettant le beurre en début de pétrissage cela priverait le gluten de se former. Ces documents n'apportent pas de preuves scientifiques ou de références sérieuses pour justifier cette affirmation. Si cette affirmation était vraie, cela signifierait que durant tout le XIXe la brioche, qui a fait le bonheur des grandes tables, n'était qu'un vulgaire cake à la levure, à la texture dense et qui s'effritait. Une injure a Antonin Carême ou Urbain Dubois. Preuve de la vérité de cette affirmation, la réalisation d'un panettone à la levure suivant cette méthode.

Farine + Eau + matière grasse.

La matière grasse des pâtes levée est principalement le beurre. Le beurre étant une matière grasse polymorphe, comme cela a été expliqué dans le chapitre des pâtes friables, son comportement est différent de l'huile. Pour mieux comprendre la relation farine, eau et matière grasse, l'huile a été prise en exemple avant de revenir à l'explication avec le beurre.

L'huile ne devrait pas dépasser 35 % du poids de la farine dans une pâte composée d'eau et de farine. Au-delà de ce montant, la quantité d'huile incorporée au mélange n'est pas complètement incorporée à la pâte. Deux phases sont clairement observées. (Thèse : Structure alvéolaire des produits céréaliers de cuisson en lien avec les propriétés rhéologiques et thermiques de la pâte : Effet de la composition Nejla Lassoued). Au-delà de 35 %, et plus encore au-delà de 40 % d'huile par rapport au poids de la farine, une fine pellicule d'huile va se former sur la surface de la pâte. Si la quantité d'eau est suffisante, cela ne se produit pas. Ce phénomène pourrait s'expliquer comme suit. Si l'eau nécessaire à la formation de la pâte est tout juste suffisante pour être absorbée par la farine, il n'y a plus suffisamment d'eau pour que l'huile si disperse. L'huile remonte en surface. L'ajout d'eau évite se problème, mais ne stabilise pas pour autant l'huile en excédent. La présence d'œuf permet une meilleure stabilisation de la matière grasse due aux propriétés émulsifiantes de l'œuf.

La formation du gluten va se produire malgré la présence de l'huile comme le montrent les photos prises au microscope électronique dans la thèse mentionnée plus haut. C'est davantage le sucre et l'excès d'eau qui nuisent à la formation du gluten. L'huile affecte davantage l'amidon. Elle diminue les capacités d'absorption de l'amidon. La mie devient alors plus fragile, plus fine et permet d'obtenir la texture si recherchée pour la brioche.

Le phénomène est le même avec le beurre. La différence est la solidité partielle du beurre. Dans ce cas, le pâtissier peut, ne pas se rendre compte du manque d'hydratation. La pâte devient grasse voire se déchire ou a de la difficulté à se lisser.

Une pâte à brioche salée, non sucrée et bien hydratée peut supporter presque son poids de farine en beurre à condition d'utiliser des œufs entiers. Une pâte salée composée uniquement d'eau et de beurre dans la proportion d'une brioche ressemblerait, après cuisson, à une éponge imbibée de matière grasse.

Farine + Eau + Beurre + Sucre

Les molécules de sucre vont se lier aux molécules de l'eau. L'eau devient alors moins disponible aux protéines de la farine pour former le gluten. La pâte a tendance à se relâcher. Elle perd de sa consistance. Il est nécessaire de diminuer la quantité d'eau et parfois la quantité de beurre pour ne pas avoir une mie trop molle.

Les expériences faites avec le sucre permettent de déduire qu'il faudrait diminuer la quantité d'eau de 50 % du poids du sucre tant que le sucre ne dépasse pas les 16 % à 20 % du poids de la farine. Au-delà de cette frange, la quantité d'eau peut varier à la baisse, voire ne pas être diminuée. C'est le cas du panettone où la quantité de sucre est très importante au-delà de 30 % jusqu'à 48 % du poids de la farine. Cette quantité de sucre entraîne une augmentation importante de la matière sèche et explique la raison pour laquelle la quantité d'eau n'ait pas ou peu diminuée. La pâte sera beaucoup plus souple. Elle nécessitera d'être mise en moule pour obtenir le résultat escompté.

Si l'on réalisait une pâte contenant uniquement de la farine, de l'eau, du beurre et du sucre en quantité importante, la mie serait collante, voire très collante. Ni le beurre ni la farine ne sont suffisants pour éviter ce phénomène. De plus, on aurait un goût sucré marqué.

Farine + Eau + Beurre + Sucre + Sel

Le sel joue un rôle très important sur le comportement des pâtes

Les molécules de sel vont se lier aux molécules de l'eau et de ce fait rendre l'eau moins disponible pour imprégner la farine. Il est nécessaire d'ajouter de l'eau, car le sel renforce les liaisons entre les protéines et rend le gluten plus tenace.

Les expériences faites avec le sel permettent de déduire qu'il faudrait ajouter environ 6 à 9 fois le poids du sel en eau. Ainsi, si le taux d'hydratation mesurée d'une farine est de 60 % (mesure prise à au farinographe ou au mixolab) et que la quantité de sel souhaitée est de 1,8 % par kilo de farine, il sera donc nécessaire d'ajouter environ de 10 % à 16 % d'eau de plus en fonction de la consistance de pâte désirée bâtarde ou douce soit 70 % à 76 % d'eau.

Il est conseillé de calculer le sel par rapport à la quantité d'eau. Ainsi pour 1 litre d'eau il faut environ 25 g de sel à 26 g. Dans une brioche où l'hydratation peut osciller autour de 60 %, la quantité de sel devrait être de 15 g par kilo de farine. Le fait de dissoudre le sel dans l'eau lui permet d'être plus disponible. Cette diminution du sel a une influence sur l'élasticité de la pâte sur sa consistance et sur le temps de fermentation. 1,75 % de sel par rapport au poids de la farine devrait être la quantité maximale de sel à ne pas dépasser.

Plus la quantité de sucre est importante, plus la quantité de sel peut être abaissée,

Farine + Eau + Beurre + Sucre + Oeufs et / ou liquides

Les œufs : les études sur les œufs montrent que les œufs favorisent le volume, améliorent la couleur et la conservation des pâtes levées et contribuent à leur structure.

Le blanc d'œuf renforce la ténacité de la pâte. La présence de blanc d'œuf nécessite de pétrir la pâte davantage pour obtenir un développement approprié. En présence de sel, le phénomène est légèrement amplifié. Le jaune d'œuf, en l'absence de sel, nuit au développement du gluten et ne favorise pas le développement de pâte. En présence de sel, le jaune d'œuf se comporte comme le blanc d'œuf en renforçant la structure de la pâte et en nécessitant davantage de pétrissage.

Les œufs permettent aussi de stabiliser le sucre. En effet, plus il y a de sucre, plus la quantité d'œufs doit être importante au risque d'avoir une pâte collante.

Dans une certaine mesure, les œufs peuvent être remplacés par des jaunes. Environ 2 jaunes d'œuf pour 1 œuf. Il est important dans ce cas d'ajuster l'hydratation. L'hydratation est généralement revue à la baisse.

Le blanc d'œuf influence négativement la texture de la pâte en offrant une texture plus sèche et plus dense.

Le blanc d'œuf pourrait nuire à l'expression des saveurs, car il forme un gel qui pourrait les emprisonner.

Les liquides

Le lait : le lait nuit au développement du gluten. Ce serait dû à certaines enzymes présentes dans le lait. Il ralentit aussi la fermentation.

Le choix du lait est dû à la présence du lactose. Le lactose n'est pas fermenté par la levure et laisse ce goût caractéristique des produits laitiers.

L'eau : la dureté de l'eau va influencer la structure de la pâte, la fermentation et même la saveur.

Une eau dure va renforcer la ténacité de la pâte, ralentir la fermentation voire nécessiter une plus forte hydratation. Une eau douce va renforcer l'extensibilité de la pâte, accélérer la fermentation. Elle pourrait rendre la pâte collante. La dureté de l'eau est basée sur une formule qui tient compte de la quantité de calcium et de magnésium présente dans l'eau.

L'eau peut influencer la saveur surtout dans des produits comme le pain davantage que dans des pâtes levées enrichies.

Farine + Eau + Beurre + Sucre + Oeufs et / ou liquides + Levure

La levure apporte à la brioche une texture aérée et de la saveur.

La levure existe sous différentes formes fraîche, sèche active (en bille), instantanée parfois appelée levure rapide (en vermicelle).

Il faut 2 fois moins de levure sèche active que de levure fraîche et 3 fois moins de levure instantanée que de levure fraîche. La levure instantanée peut être directement ajoutée à la farine. La fraîche peut être émiettée dans la farine ou dissoute dans une eau à 35 °C, la levure sèche active nécessite d'être réhydratée avec de l'eau à 35 °C et un peu de sucre.

La levure instantanée, une fois ouverte doit être conservée dans son emballage d'origine dans un contenant hermétique pour 3 jours au réfrigérateur maximum ou 3 mois au congélateur.

La levure fraîche est plus active que la levure instantanée. La levure instantanée à besoin de moins de pétrissage dû à une enzyme, le glutathion. Celle-ci diminue la viscosité de la pâte. La levure instantanée ne contient pas d'eau alors que la levure fraîche en contient 70 %. Il faut en tenir compte dans les recettes et corriger l'hydratation au besoin.

L'activité de la levure est influencée par la quantité de sel, de sucre, par la température, par la quantité d'eau, par la viscosité de la pâte.

Une température plus élevée entraîne une plus grande activité de la levure et une consommation plus rapide des sucres (glucose, fructose, maltose).

Plus la quantité d'eau est importante, plus la levure est active.

Au-dessus de 10 % de sucre par rapport au poids de la farine, le sucre ralentit la levure. Il est donc nécessaire soit d'augmenter la quantité de levure où de préférence utiliser une levure osmotolérante. Contrairement à ce que l'on entend parfois dire la levure osmotolérante n'est pas un coup marketing pour nous vendre plus de levure. La levure osmotolérante est indispensable pour une meilleure fermentation et évite d'ajouter des quantités considérables de levures comme cela se fait trop souvent dans le domaine de la viennoiserie. 2 % à 2,4 % de levure osmotolérante fraîche sont bien souvent la limite à ne pas dépasser pour des pâtes qui ne seront pas congelées.

Le sel ralentit la levure lorsqu'il est au-dessus de 1 % du poids de la farine, en dessous il accélère la fermentation.

Au-dessus de 2 % du poids de la farine, le sel ralentit considérablement la fermentation. Cependant, il est généralement préférable de ne pas dépasser cette quantité de sel.

Les nombreux tests menés sur les pâtes levées montrent qu'il est préférable d'activer la levure avant de l'utiliser surtout avec la levure instantanée. L'activation se fait en la dissolvant dans de l'eau à 35 °C. Nous verrons dans le chapitre de la fermentation que cette activation peut se faire à l'aide d'une préparation que l'on nomme préferment (le mot n'est pas approprié. Il serait préférable de dire ferment.)

L'hydratation

La relation entre la quantité d'eau et de beurre joue un rôle important dans le maintien dans la qualité du produit. La quantité d'eau de la recette y compris l'eau du beurre et de la levure fraîche doit être toujours supérieure à la quantité de matière grasse présente dans le beurre ou de toute matière grasse ajoutée excepté les jaunes d'œufs.

Exemple : une brioche contenant 20 % de matière grasse et 26 % d'eau sur le poids total de la recette correspond à un bon ratio. Si la matière grasse venait à augmenter et l'eau à diminuer, il existe un risque d'avoir une brioche à la texture plus grasse. Seul, l'ajout de sucre pourrait éventuellement pallier ce déséquilibre. Si la quantité de sucre est importante au-dessus de 25 %, l'ajout d'eau est indispensable pour corriger le problème.

L'influence des ingrédients sur ténacité / extensibilité.

Le rôle des ingrédients sur le rapport ténacité/extensibilité va influencer le choix de la farine ou nécessiter un réajustement de la recette en fonction de la farine utilisée.

Le sel augmente la ténacité et dans une certaine mesure l'extensibilité. Cependant, à des températures élevées, il diminue l'extensibilité. Il est dit qu'à 18 °C, le sel permet d'obtenir une meilleure extensibilité.

– Le sucre favorise l'extensibilité et entraîne une diminution de la ténacité.

– Les œufs particulièrement les blancs favorisent la ténacité.

– Le beurre améliore l'extensibilité.

– Le malt diastasique va améliorer l'extensibilité et diminuer la ténacité.

– L'eau en grande quantité favorise l'extensibilité et nuit à la ténacité.

Des tests ont été effectués avec deux farines différentes, toutes deux ayant une forte ténacité dont l'une ayant un meilleur rapport ténacité/extensibilité. Malgré l'importante quantité de sucre et de beurre, une hydratation soutenue et une faible quantité de sel, le rapport ténacité/extensibilité de la farine n'a pas été aussi affectée que l'on aurait pu le penser.

La farine ayant un meilleur rapport ténacité/extensibilité a donné un volume plus important.

L'effet des ingrédients sur le pétrissage

Pour mieux comprendre ce que si produit au moment du pétrissage, nous nous sommes basés sur une étude (The effect of varying the mixing formula on the quality of a yeast sweet bread and also on the process conditions, as studied by surface response methodology) qui a analysé l'influence de tous les ingrédients présents dans une pâte levée sucrée.

L'intérêt de cette étude c'est sa méthodologie. Elle se rapproche du principe du sablage.

Voici les résultats les plus marquants, tirés des analyses de cette étude.

Le taux d'hydratation (eau ajoutée) a été adapté pour conserver la même consistance de la pâte entre les différents essais.

La durée de pétrissage pouvait varier de 7 min à 40 min en fonction de la proportion des ingrédients.

Résultat des deux extrêmes (les chiffres représentent le % par rapport au poids de farine)

1- Sucre : 19 - Oeufs : 10 - Sel : 0.8 - Matière Grasse : 14 - Poudre de Lait : 6
Temps Mélange : 6.5 mn

24- Sucre : 26 - Oeufs : 30 Sel : 1.6 - Matière Grasse : 14 - poudre de Lait : 18
Temps Mélange : 39.3 mn

Une première observation peut être faite. L'augmentation du sel, du sucre, des œufs et de la poudre de lait on exerçait une certaine influence sur le temps de pétrissage.

1- Sucre : 19   Oeufs : 10   Salt : 0.8   Matière Grasse : 14   Lait : 6
Temps Mélange : 6.5 mn

2- Sucre : 26   Oeufs : 10   Salt : 0.8   Matière Grasse : 14   Lait : 6
Temps Mélange : 9.1 mn

Pour 1.3 fois de sucre, il faut 2.6 mn de plus de pétrissage.

4-Sucre : 19   Oeufs : 10   Salt : 0.8   Matière Grasse : 14   Lait : 6
Temps Mélange : 6.5 mn

5-Sucre : 19   Oeufs : 10   Salt : 1.6   Matière Grasse : 14   Lait : 6
Temps Mélange : 10.2 mn

Pour 2 fois plus de sel il faut 3.7mn de plus de pétrissage.

7-Sucre : 19   Oeufs : 10   Salt : 0.8   Matière Grasse : 14   Lait : 6
Temps Mélange : 6.5 mn

8-Sucre : 19   Oeufs : 30   Salt : 0.8   Matière Grasse : 14   Lait : 6
Temps Mélange : 10.3 mn

9- Sucre : 19   Oeufs : 10   Salt : 1.6   Matière Grasse : 14   Lait : 6
Temps Mélange : 10.2 mn

10- Sucre : 19   Oeufs : 30   Salt : 1.6   Matière Grasse : 14   Lait : 6
Temps Mélange : 9.3 mn

Pour 3 fois plus d'œufs, il faut 3,8 min de plus de pétrissage lorsqu'il y a moins de sel (0,8 %)

L'ajout de sel (1,6 %) a pour conséquence que la différence du temps de pétrissage entre 10 % d'œufs et 30 % d'œufs devient plus faible.

Plus étonnant pour une quantité élevée de sel 1,6 % une plus grande quantité d'œufs fait diminuer le temps de pétrissage

11-Sucre : 19   Oeufs : 10   Salt : 0.8   Matière Grasse : 14   Lait : 6
Temps Mélange : 6.5 mn

12-Sucre : 19   Oeufs : 10   Salt : 0.8   Matière Grasse : 18   Lait : 6
Temps Mélange : 7.2 mn

Pour 1.3 fois plus de matière grasse, il faut 0.7mn de plus de pétrissage. La matière grasse n'a presque pas influencé la durée de pétrissage.

11-Sucre : 22.5   Oeufs : 10   Salt : 1.2   Matière Grasse : 20   Lait : 12
Temps Mélange : 14 mn

12-Sucre : 22.5   Oeufs : 10   Salt : 1.2   Matière Grasse : 16   Lait : 12
Temps Mélange : 17 mn

Pour 1.25 fois moins de matière grasse, il faut 3 mn de plus de pétrissage. Cette fois le surplus de beurre a diminuer le temps de pétrissage

Comment expliquer le fait de diminuer la matière grasse entraîne une augmentation du temps de pétrissage. Ce phénomène s'expliquerait par l'ajustement de l'hydratation. Le sel et la poudre de lait exigent plus d'hydratation. Pour maintenir une consistance adéquate de la pâte, l'augmentation du beurre a dû entraîner une diminution de l'hydratation. Cette diminution a diminué le temps de pétrissage et expliquerait ce résultat. Ce qui montre combien chaque variation, petite est-elle, a un impact sur le produit final.

13-Sucre : 19 Oeufs : 10 Salt : 0.8 Matière Grasse : 14 Lait : 6
Temps Mélange : 6.5 mn

14-Sucre : 19 Oeufs : 10 Salt : 0.8 Matière Grasse : 14 Lait : 18
Temps Mélange : 11 mn

Pour 3 fois plus de poudre de lait, il faut 4.5mn de plus de pétrissage.

Selon les auteurs de l'étude, le sucre et la poudre de lait seraient le plus pénalisants pour le pétrissage, suivi des œufs et du sel. La matière grasse n'affecte pas le pétrissage, quelle que soit sa quantité.

Cette étude montre que, quelle que soit la proportion des ingrédients, si le pétrissage a été mené à terme, si la conduite de la fermentation a été parfaitement conduite et que l'apprêt a atteint le volume désiré, les produits donnent un résultat de qualité identique autant pour la mie que pour le volume. Bien entendu, les auteurs se sont basés sur des instruments de mesure pour permettre d'obtenir des résultats semblables sachant que les temps de fermentations pouvaient varier d'une recette à une autre. Les auteurs précisent que le fait d'avoir ajusté l'hydratation pour obtenir à chaque fois une consistance de pâte similaire pourrait expliquer ces similitudes.

Peut-on minimiser le temps de pétrissage ?

Le cas du sucre : a-t-on raison de vouloir le mettre en fin de pétrissage ?

Il n'y a aucune raison qui justifie cette méthode. L'étude, citée précédemment, montre qu'en présence d'une quantité minimale de sel, 0,8 % du poids de la farine, la pâte se forme en 6,5 min pour 19 % de sucre par rapport au poids de la farine et en 9 min pour une quantité de sucre de 26 %. Si le sucre n'était pas mis au départ, la pâte manquerait d'hydratation du fait que le sucre requiert bien souvent une diminution de la quantité de liquide. De plus, dès que le sucre sera ajouté en fin de pétrissage cela va entraîner un relâchement de la pâte du fait que les molécules d'eau et de sucre vont se lier.

De ce fait, le sucre pourrait être facilement mis en début de préparation.

Dans son précédent livre, Berry Farah avait fait mention d'une étude, sur le gluten et le sucre, qui expliquait que le meilleur résultat tant pour la structure que pour la texture s'obtenait en ajoutant une partie du sucre en début de pétrissage et une partie en fin de pétrissage. Reste que cette étude a été réalisée dans des conditions particulières dont il faudrait s'assurer de la reproductibilité dans une pâte comme la brioche voire un panettone.

Le sel : doit-il être mis en fin de pétrissage ?

Une étude montre qu'en l'absence de sel la pâte se forme en l'espace de 6mn. (Effect of sodium chloride on gluten network formation, dough microstructure and rheology in relation to breadmaking Thu H. McCann, Li Day).

Il serait donc possible d'ajouter le sel en fin de préparation avec l'eau nécessaire à son hydratation. Le sel serait alors dissous dans l'eau. Ce mélange devrait être ajouté avant que la pâte ne se forme pour faciliter leur intégration.

L'oxydation et le pétrissage

Lorsqu'on parle de pétrissage, il est inévitable d'entendre parler d'oxydation. Plus encore lorsque la matière grasse est mise au départ. Pourtant l'oxydation d'une pâte à pain ou d'une pâte briochée ne se produit pas si facilement.

Comment se produit l'oxydation d'une pâte à pain ?

Dans une farine, il existe des pigments appelés caroténoïdes dont la quantité varie en fonction du taux d'extraction, mais aussi de la variété du blé. Plus le taux d'extraction est élevé, plus leur quantité est importante. Les caroténoïdes sont considérés comme des antioxydants faisant partie de la famille des carotènes. Ce sont ces pigments qui donnent à la mie sa couleur jaunâtre.

Au cours du pétrissage, ces pigments peuvent subir une oxydation. Cette oxydation entraîne le blanchissement de la pâte. L'oxydation peut se produire par l'ajout d'agent oxydant dans la farine, ou naturellement lorsque le pétrissage est prolongé. Cette oxydation naturelle dépend d'une enzyme, la lipoxygénase présente de façon plus ou moins importante dans la farine. Cette enzyme va oxyder les lipides présents naturellement dans la farine. L'oxydation des lipides va générer des peroxydes qui vont entraîner la dénaturation des caroténoïdes. Plus la farine est blanche, moins cette enzyme est présente. Donc dans des conditions normales de pétrissage, surtout avec des farines plus ou moins blanches, l'oxydation des lipides de la farine et de ce fait des caroténoïdes devrait être limitée même sur une durée de pétrissage plus ou moins conséquente. Il ne faudrait pas dépasser les 15 min de pétrissage en vitesse accéléré ce qui provoquerait indéniablement une oxydation de la pâte.

La matière grasse mise au départ s'oxyde-t-elle ?

Comprendre le phénomène d'oxydation

L'oxydation se produit lorsque le produit est exposé à l'oxygène. On parle de rancissement oxydatif. C'est la portion des acides gras polyinsaturés qui réagit avec l'oxygène pour former des peroxydes. Les matières grasses polyinsaturées riches en antioxydant comme certaines matières grasses végétales ou même le chocolat se voient davantage protégées par leurs antioxydants.

Le rancissement du beurre est le résultat du rancissement hydrolytique dû à des enzymes ou certains micro-organismes qui lui sont propres ou qui l'auraient contaminé.

La matière grasse mise au début ou en toute fin du pétrissage ne connaît pas d'oxydation si la matière grasse utilisée est saturée comme le beurre. Dans l'industrie pour remplacer le beurre sans avoir recours à des matières grasses saturées, l'industrie a eu recours à l'hydrogénation. L'hydrogénation permet à une matière grasse insaturée de devenir une matière grasse saturée solide. Par ce processus d'une part la matière grasse insaturée ne s'oxydait plus et d'autre part elle était solide. Ce procédé est aujourd'hui abandonné aux États-Unis du fait des effets délétères de l'hydrogénation sur la santé.

Cependant, reste à savoir si les lipides polyinsaturés présents dans ces pâtes ne s'oxyderaient pas, quel que soit le mode de préparation. Comme l'écrit un chercheur japonais si une certaine oxydation est bonne pour la pâte, elle est moins bonne pour la santé du consommateur.

La consistance de la pâte en fin de pétrissage.

Les pâtes levées enrichies doivent avoir acquis une certaine souplesse en fin de pétrissage. Dans certains cas, ce type de pâte peut être ferme. Si tel est le cas, il faut s'être certain d'avoir la quantité de liquide minimale nécessaire auquel cas la pâte se désintégrait en fin de pétrissage ou se déchirerait au cours de la fermentation.

Les pâtes levées pas assez pétries vont manquer de consistance et la rétention gazeuse sera mauvaise, car le gluten n'est pas suffisamment développé. La pâte ne poussera pas bien et le produit manquera de tenue.

Dans une certaine mesure, il serait possible de faire une brioche sans pétrissage. Il faudrait 3 h pour que le gluten se forme. 2 à 3 rabats seront nécessaires à l'intervalle d'une heure. C'est par imprégnation que la pâte se formera. Ensuite, la fermentation pourrait être prolongée ou le produit mit au froid jusqu'au lendemain.

Le pétrissage est la production de sucre

De nombreuses études montrent que lors du pétrissage la production de sucre augmente particulièrement le maltose du fait que les enzymes sont rapidement sollicitées au contact de l'eau.

La gestion des sucres par la levure

La levure se nourrit des sucres simples principalement glucose et fructose. Elle a une préférence pour le glucose. Le fructose n'est pas toujours entièrement consommé. Ces sucres sont transformés dans la levure en CO_2 et en éthanol. Ce processus est un ensemble de réactions chimiques,dont des réactions enzymatiques, appelé glycolyse. Les sucres complexes ont besoin d'enzymes pour se voir transformer en glucose avant d'être métabolisés par la levure. La levure possède différentes enzymes comme l'invertase pour transformer le saccharose en glucose et le fructose et le maltase (alpha-glucosidase) pour transformer le maltose en glucose. Cependant, le maltose, pour pénétrer à l'intérieur de la levure, a besoin d'un transporteur, la maltoperméase. En l'absence de ce transporteur, lorsque le glucose est épuisé, la levure aura besoin d'un temps d'adaptation pour permettre au maltose de pénétrer au cœur de la levure et être transformé. Ce temps d'adaptation entraîne un arrêt momentané de la fermentation. De nos jours, les levures sont adaptées pour qu'il n'y ait plus de creux cours de la fermentation du moins dans certains pays dans d'autres pays où le pain contient du sucre, la nécessité d'avoir une levure adaptée au maltose est moins appropriée.

Les sucres simples de la farine ainsi que le saccharose sont généralement consommé par le levure dans la première heure de la fermentation. C'est alors que le maltose, issu de l'action des amylases, va prendre le relais. Certains types de levures permettraient au maltose d'être consommé en plus ou moins grande quantité en même temps que le glucose et le fructose. En présence de saccharose, comme c'est le cas de la brioche, la levure va le préférer au maltose. Si la quantité de saccharose est trop importante, l'invertase de la levure à une "indigestion". Le saccharose est consommé trop rapidement. La levure produit moins de glucose donc moins de CO2. La fermentation est ralentie. Les levures osmotolérantes ont une invertase qui consomme le saccharose de façon plus lente. Ainsi l'activité de la levure n'est pas ralentie. La production de Co2 est donc plus importante, équivalente à la levure non osmotolérante pour une pâte qui ne contiendrait pas de saccharose. Dans une levure osmotolérante, le maltose ne serait pas transformé par la levure du fait de la présence importante de saccharose. Le maltose resterait donc comme un sucre résiduel. Il viendrait enrichir la saveur de la pâte. À noter que le fructose résiduel, important dans des préparations riches en saccharose, contriube à la saveur en apportant un goût sucré plus rond. Si le saccharose n'est pas en grande quantité et qu'il est entièrement consommé du fait de la durée, de la température et de la grande quantité de levure, le maltose viendrait à nourrir la levure. Le maltose pourrait venir à manquer si l'indice de chute de la farine est trop importante et que le temps de pousse a été trop prolongé.

Il est important de noter qu'il y a une différence entre la levure fraîche dit compressée et la levure instantanée en vermicelle. La levure fraîche consomme plus rapidement les sucres, Elle est plus active et produit plus de Co2. La levure instantanée consomme moins rapidement les sucres et elle moins active.

C'est dans la première heure que les sucres présents dans la farine sont consommés et c'est au bout de deux heures que la quantité de maltose est la plus importante du moins dans un produit non salé (le sel ralentit la production des amylases)

Dans le cas de produit comme les pâtes levées sucrées les quantités de sucre peuvent être très importante. Dans ce cas, la levure se nourrit principalement de la transformation du saccharose.

Il est important de rappeler que toutes levures ne s'équivalent pas. Chaque compagnie

Les sucres dans la fermentation de la pâte à pain

Farine

glucose, fructose, maltose des traces

saccharose, raffinose en faible quantité < 0.5%

fructane (0.7% -2.9%)

Farine entière

saccharose 0.9% à 1.1%

INTOLERANCE FODMAP

fructane (3.4% -4%)

Son

saccharose 1.7% à 3%

Fructanes moins importants dans les farines blanches.
La quantité varie en fonction de la variété de blé.
La fermentation affecte plus ou moins les fructanes

amidon endommagé

5% à 8%

	faible	Moyen	Fort
	Sablé	Baguette	Pain de Mie

enzyme → alpha -amylase

Dextrine

Cette transformation ce produit dès le début du pétrissage et au cours de l'autolyse

enzyme → Beta - amylase

Maltose

Maltose

Ordre de la fermentation des sucres

1 Glucose
2 Fructose
3 Saccharose
4 Maltose

Le maltose n'est transporté que si les 3 premiers sucres sont consommés par la levure

Glucose
Fructose

Fructanes
Saccharose

Ethanol
Co2

Transformations diverseses
Glycolyse
Glucose

Glucose
Fructose

Invertase

Maltase

Maltosepermease

Transporteur

Maltose

LEVURE

En Europe la maltosepermease est présente dans un certain nombre de levures. En Amérique du Nord elle est le plus souvent absente. En l'absence de Maltopermease après consommation des sucres simples, environ 1h, il y a un arrêt de la fermentation jusqu'à adaptation de levure au maltose puis la fermentation repart. L'ajout de saccharose permet d'éviter ce creux à la fermentation

on ne doit plus parler de zymase mais de glycolyse un ensemble de réactions chimiques dont des réactions enzymatiques

les fructanes et le maltose ne sont pas toujours entièrement consommés par la levure. On parle de sucre résiduel.

Référence : Bread Dough and Baker's Yeast: An Uplifting Synergy
Nore Struyf , Eva Van der Maelen, Sami Hemdane , Joran Verspreet, Kevin J. Verstrepen, and Christophe M. Courtin

développe leur propre souche et certaines peuvent avoir des activités de CO_2 plus importante que d'autres ou encore apporter plus de saveurs que d'autres.

La fermentation et la température

La levure préfère généralement une température entre 25 °C et 35 °C sachant que la température optimale est 27 °C. Certaines études montrent qu'à 35 °C la production de CO_2 est à son maximum. Il faut faire attention, toutes les pâtes ne peuvent être fermentées à une aussi haute température particulièrement lorsqu'elles contiennent une grande quantité de beurre dont la température de fusion est de 32 °C.

D'autre part, il a été démontré (Bakery Product: science and technology, Y.H Hui) que pour avoir une pâte avec une grande richesse aromatique, il fallait donner du temps à la fermentation. Il ne suffit pas de 3 h à 4 h à température ambiante, mais au moins 8 à 12 h à 27 °C avec une quantité de levure ne dépassant pas 0,5 %, dont la souche n'est pas trop active, et ce, sans avoir une saveur trop acide, ni avoir des effets délétères sur la structure de la pâte.

De nos jours, la fermentation au froid à 4 °C-10 °C est préférée au dépens de la fermentation à température de 25 °C, ce qui se fait souvent au détriment du pointage en masse. Ceci pour des raisons pratiques et d'organisation. Cependant, la fermentation au froid pour bien être maîtrisée doit être bien comprise.

Au froid, la levure est active à 5 °C et plus. Elle est un peu moins entre 1 °C et 4 °C. La capacité de pousse à 5 °C correspond à 0,8 % de celle à 30 °C. 4 jours à 5 °C sont équivalents à 4 h à 30 °C. Et ce pour des quantités de levure de 2 % par kilo de farine. À des températures inférieures ou égales à 5 °C, les amylases présentes ou ajoutées dans la farine fonctionnent au ralenti environ à 5 % de leur capacité. De ce fait, la production de maltose est faible. À ces températures, la levure n'utilise que très peu maltose à raison de 1 %. Ce serait probablement le même cas pour les autres sucres présents. À noter qu'à 8 °C, si la quantité de malt et de levure sont en excès, la fermentation est équivalente à celle qui aurait lieu à 30 °C. (Immobilization as a tool to control fermentation in yeast-leavened, refrigerated dough R. Gugerli, V. Breguet, U. von Stockar, I.W. Marison)

Selon une étude (The aroma profile of wheat bread crumb influenced by yeast concentration and fermentation temperature Anja N. Birch, Mikael A. Petersen, Åse S. Hansen), il est expliqué que les lipides présents dans la farine s'oxydent à des températures supérieures à 15 °C et peuvent générer des saveurs désagréables. Il est expliqué qu'avec un maximum de levure 60g/kg de farine à 5 °C sur 3 h on obtiendrait le maximum de saveurs pour un pain dont la composition se rapproche de la brioche à l'exception de l'absence de beurre. À 5 °C, la pâte produit des esters qui apporteraient des saveurs agréables et fruitées.

Les esters sont des composés organiques résultant de la condensation d'une molécule d'alcool et d'une molécule d'acide avec élimination d'une molécule d'eau.

Cette étude soulève deux questions, l'une sur l'oxydation des lipides insaturés à température élevée et celle de la quantité de levure.

Température et oxydation

Les températures élevées de fermentation (27 °C) de la brioche ou du panettone n'entraînent pas une perte de la qualité de la saveur ou de saveurs désagréables. Cependant, si les saveurs de ces produits sont agréables, la saveur du beurre n'a pas toujours sa toute-puissance.

Hypothèse : le beurre préférerait des températures plus basses autour de 15 °C. De plus à cette température le beurre conserve une certaine souplesse ce qui pourrait influencer positivement la structure de la pâte alors qu'à des températures proches de 5 °C, la dureté de la matière grasse pourrait avoir une incidence sur la pâte et son développement.

Il est dit que les lipides insaturés de la matière grasse butyrique (matière grasse du lait) s'oxydent avec la hausse de la température et provoquent des saveurs désagréables. Cette oxydation est liée à des températures très élevées et a des conditions très particulières liées à la fabrication des produits laitiers. Il est peu probable que cela se produise au cours de la fermentation. Cependant, il est possible que des températures élevées puissent nuire au beurre et lui faire perdre ses qualités organoleptiques.

Un test a été mené avec Thierry Delabre, boulanger à Paris (Panadero Clandestino), du fait qu'il utilise un beurre artisanal très savoureux. Ainsi la différence de saveur entre différentes températures se percevrait davantage.

La pâte a été fermentée 1 h à température ambiante. Puis, elle a passé 24 h au froid à environ 5° et l'apprêt a été réalisé à 18 °C. Thierry Delabre a noté une différence notable sur le goût du beurre entre la méthode traditionnelle et celle à basse température. Le beurre exprimait davantage sa saveur à 18 °C qu'à 27 °C.

Comment expliquer cette différence ? Est-ce que les ferments lactiques présents dans le beurre s'activeraient à basse température et renforceraient les saveurs du beurre ? Il est difficile d'y répondre pour le moment.

Reste qu'il est préférable de choisir un beurre enrichi en ferments lactiques. Tous les pays n'enrichissent pas leur beurre de ferments lactiques. En Amérique du Nord, il faut choisir des beurres de culture (cultured butter)

Quantité de levure

La saveur liée à la quantité de levure fait débat. Si l'on s'entend, qu'une quantité importante de levure apporte de la saveur, cette même quantité modifie la structure rhéologique de la pâte. D'autre part, la grande quantité de levure incite à réduire la durée de fermentation. Il faut rappeler que dans cette étude pour 60 g de levure la température de fermentation du produit du début à la cuisson n'a duré que 3 h à 5 °C. Lorsque la pâte a été mise à 15 °C, la température de fermentation était de 35mn et de 15 min à 35 °C. Certes, cela est fait dans des conditions particulières et ces études sont faites pour l'industrie. En d'autres termes avec une telle quantité de levure à des températures élevées (27 °C) et sur des durées plus longues rien n'est dit que nous aurions encore des saveurs aussi agréables. De plus, le risque d'obtenir un produit acide est plus grand.

Beaucoup préconisent de limiter la quantité de levure 20g par kilo de farine et de choisir la levure adéquate pour son travail et prolonger la fermentation pour obtenir une plus grande complexité de saveurs.

Le choix d'une levure adaptée au saccharose comme la levure osmotolérante est importante lorsque le saccharose est égal ou supérieur à 10 % du poids de la farine, car elle évite à la levure de ralentir et donc de ralentir la fermentation.

L'influence des ingrédients sur fermentation

L'étude, citée plus haut sur l'influence des ingrédients sur le pétrissage, démontrait aussi l'influence des ingrédients sur la fermentation.

Résultat des deux extrêmes (les chiffres représentent le % par rapport à la farine) pour obtenir le même volume de pâte

---

1- Sucre : 26 - Oeufs : 10 - Salt : 1.6 - Matière Grasse : 18 - poudre de Lait : 18
Temps Fermentation : 263 mn

30- Sucre : 22.5 - Oeufs : 30 - Salt : 0.4 - Matière Grasse : 16 - poudre de Lait : 12
Temps Fermentation : 107 mn

Selon cette étude, le sucre, le sel et la poudre de lait sont les ingrédients qui affectent le plus la fermentation.

Rappelons ici que les auteurs n'ont pas utilisé de levure osmotolérante. Si telle avait été le cas, la fermentation contenant le sucre aurait davantage été accélérée.

Si le sel atteint les 2 % ou davantage, la fermentation serait plus encore ralentie.

Levain-levure (biga et sponge)

Le levain-levure est une pâte constituée de farine, d'eau et de levure, dont la farine représente 25 % du poids de la farine. Cette pâte est mise à fermenter avant d'être ajoutée aux autres ingrédients pour former la pâte finale.

Cette définition est celle de la pâtisserie française. Cette pratique a pourtant était abandonné, à tort, par les pâtissiers et boulangers modernes.

Les études menées sur la biga italienne, un levain-levure plus ferme qui fermente pendant 16 h minimum à 18 °C, a montré l'intérêt de ce type de ferment sur l'extensibilité et la qualité de la texture.

Des essais menés par Berry Farah ces dernières années sur un nouveau type de levain-levure ont conduit à une qualité optimale de la texture, de la structure et de la saveur des pâtes levées sucrées. Ceci a été confirmé par des boulangers et des pâtissiers qui l'ont mis en pratique et l'ont adopté.

Le principe est le même que le levain-levure à l'exception que la farine représente 20 % du poids total de la farine et que les liquides peuvent être des œufs, des jaunes d'œufs, de l'eau ou une combinaison de ces ingrédients, à raison de 100 % à 120 % du poids de la farine présente. À cela, on ajoute du sucre à raison de 3 % à 12 % selon si la levure est ou n'est pas osmotolérante et l'intégralité de la levure. La température du liquide doit être de 27 °C de préférence. Dans le cas des œufs, ils sont chauffés au bain-marie. La préparation est ensuite mise à pousser.

La durée de fermentation peut varier de 35mn à 1 h à 27 °C — 30 °C.

La préparation est prête soit à l'apparition des premiers trous qui apparaissent en surface de la préparation qui a gonflé, soit lorsque la préparation a bien gonflé. Surtout ne pas attendre que la préparation soit retombée ou se soit creusée.

Ce type de préparation peut être utilisé même dans des pâtes qui passeront ensuite par le froid.

Le dégazage et le rabat

Le dégazage et le rabat permettent de subdiviser les bulles de gaz et les rendre plus petites. Ainsi cela permet de générer de nouvelles bulles de gaz.

Le rabat permet de brasser à nouveau les levures et les réactiver. Les levures ne sont pas très mobiles dans une pâte. Plus la fermentation progresse, plus les levures vont se trouver à manquer de sucre du fait qu'une distance se crée entre la levure et leur substrat. Dégazer et remélanger la pâte permet de les remettre en contact et redonner de la vitalité à la fermentation. Si la fermentation est faite avec une quantité raisonnable de levure moins de 24g et à des températures ambiantes de 21 °C à 23 °C, il est possible de recommencer l'opération plusieurs fois. Cela favoriserait la fermentation de la pâte, la saveur, mais aussi donnerait de la force à la pâte. Cette opération peut être délicate avec des pâtes souples.

Cette opération n'a de sens que si la pâte a gonflé suffisamment.

La Cuisson

La température de cuisson est généralement autour de 175 °C. Cette température est approximative et dépend aussi de la grosseur des pièces.

La cuisson dans un four à sol peut être intéressante, car elle permet d'obtenir un meilleur volume et une texture plus aérée. Cependant, attention de s'assurer à doubler la plaque de cuisson si nécessaire pour ne pas brûler la base du produit.

Conclusion

Dans les pâtes levées sucrées, chaque ingrédient joue un rôle clef dans la saveur, la texture et la structure de la pâte. Rien ne doit être négligé. Dorénavant, il vous sera plus facile d'ajuster vos recettes, composer les vôtres en tenant compte de tous les paramètres indiqués dans ce chapitre.

L'attention portée à la fermentation, à la température et au choix de la levure est très importante dans la réussite du produit.

À présent, vous avez les clefs pour réussir d'excellentes pâtes levées sucrées

La vraie brioche de tradition française

Levain-Levure

125 g de farine

10g de levure

65g à 75g d'eau

La texture de la pâte doit être souple
mais pas douce. L'hydratation dépend de votre farine

Pâte principale

375g de farine

30 g de sucre

300 à 350g de beurre selon la farine

300g à 350g oeufs en fonction de la farine
La texture de la pâte doit être souple

7.5g à 9g de sel en fonction de l'hydratation.

Procédé du levain-levure

Mélanger la farine et la levure et ensuite ajouter l'eau à 25 °C.

Faire une pâtc qui se tienl sans être trop ferme. Elle doit conserver une certaine souplesse.

Laisser pousser à 27 °C la pâte jusqu'à qu'elle ait doublé de volume.

Procédé de la pâte

Traditionnel XIXe : crémer le beurre avec le sucre et le sel.

Ajouter les œufs et la farine en alternance tout en mélangeant

Ajouter le levain et terminer le pétrissage.

Méthode Berry Farah Sablage : Sabler le beurre et la farine . (beurre entre 10 °C et 15°)

Dissoudre le sel et le sucre dans les œufs et ajouter le mélange à la farine/beurre

Ajouter le levain et terminer le pétrissage.

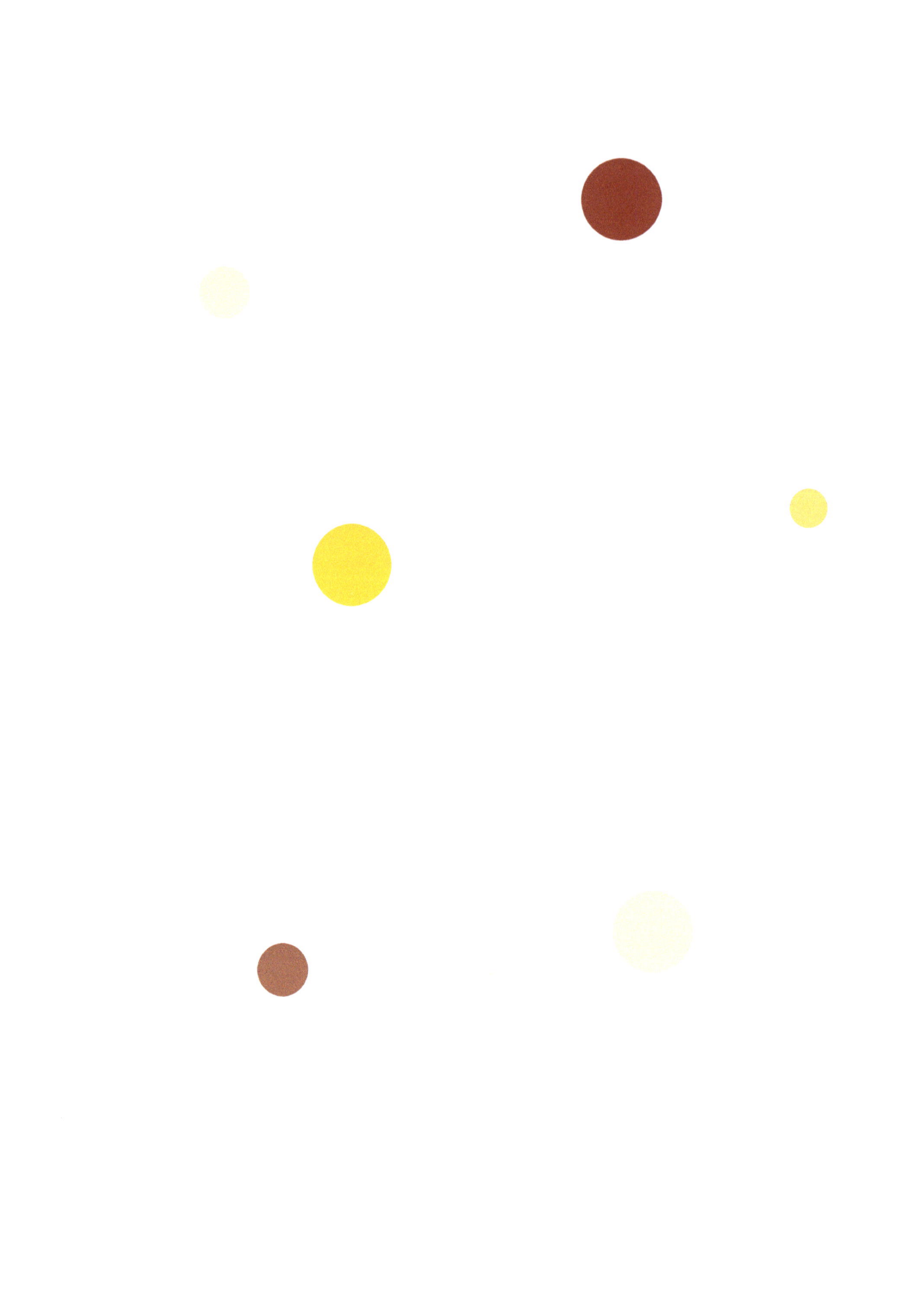

PÂTES FEUILLETÉES

Introduction

La pâte feuilletée est l'une des plus anciennes pâtes de la pâtisserie française. L'Histoire nous laisse à croire que la première technique de pliage de la pâte feuilletée serait anglaise et remonterait aussi loin que le XVIe siècle (1596). La pâte feuilletée portait alors le nom de « butter paste » et elle contenait des œufs. Elle se faisait déjà à 5 ou 6 tours. La pâte une fois cuite au four était saupoudrée de sucre.

Il faut rappeler que le gâteau feuilleté, constitué uniquement de pâte feuilletée, se mangeait à l'origine nature. Le terme gâteau comme expliqué pour les pâtes levées vient du fait que la pâte feuilletée contenait de la farine, du beurre et des œufs.

Marie-Antoine Carême a souvent été cité pour être le premier à avoir structuré la pâte feuilletée telle que nous la connaissons aujourd'hui. Il est vrai que Marie-Antoine Carême a toujours été très précis dans ses explications. Cependant, la pâte feuilletée était déjà codifiée bien avant lui. La différence apportée par Marie-Antoine Carême comparée à ses prédécesseurs est la suppression du temps de repos de la détrempe à température ambiante.

La technique de la pâte feuilletée a été appliquée aux pâtes levées dès la fin du XIXe siècle ce qui a définitivement changé le visage du croissant qui est passé d'un pain brioché à ce produit unique qui fait la fierté de la France. En même temps au Danemark la danoise voyait le jour. On ne sait pas si c'est la danoise qui a précédé le croissant ou l'inverse. L'idée de feuilleter une pâte levée est probablement autrichienne comme le rappel l'histoire de la danoise.

La farine

Si le choix de la farine est important pour nombre de pâte pour la pâte feuilletée, elle joue un rôle essentiel. Elle influence le volume des pièces et la structure de la pâte. Dans une étude néo-zélandaise, il a été démontré que le volume et la hauteur des pièces en pâtes feuilletées dépendaient de la ténacité et de la capacité d'absorption de la farine (plus grande capacité d'absorption plus de volume et plus de hauteur). Dans une étude française, on démontre qu'une farine trop faible ne donnera pas suffisamment de volume alors qu'une farine trop forte provoquera la rétractation des pièces. Ce défaut pourrait être ajusté par l'ajout de matière grasse dans la détrempe. Une étude américaine confirme qu'une farine trop forte n'est pas recommandée. Ces études insistent sur le fait que le taux de cendre ne devrait pas dépasser 0,5 % auquel cas les minéraux présents dans la farine nuiraient au produit. Une fois de plus, l'importance de l'équilibre entre ténacité et extensibilité est essentielle. Sans extensibilité, pas de flexibilité, sans ténacité, manque de tenue et de volume.

Dans une certaine mesure, ces caractéristiques peuvent aussi s'appliquer au croissant dont la farine doit nécessiter en plus d'une bonne capacité de rétention des gaz. Généralement, les pâtes utilisées pour les pâtes feuilletées conviennent aussi pour les pâtes levées feuilletées,, L'utilisation de farine plus forte peut être envisagée.

L'eau et les liquides

L'eau est un élément essentiel dans les pâtes feuilletées, car elle contribue à soulever les feuilles et favorise le volume du produit. La quantité d'eau est en relation avec la capacité d'absorption de la farine, de la quantité de beurre présent dans la détrempe (plus de beurre moins d'eau) de la quantité de sel (plus de sel plus d'eau) et de la quantité de sucre (plus de sucre moins d'eau). Une étude française démontre que pour une farine donnée, à 44 % d'hydratation, le volume et la hauteur du produit sont bien équilibrés. Au-dessus de cette valeur, 49 %, le volume et la taille sont plus importants, mais la pâte est légèrement moins ronde, les feuilles plus détachées. À 54 %, le produit est moins adéquat. L'étude conclut que le choix de l'hydratation devrait se porter sur 49 %. Bien entendu, cette valeur est relative, car cela dépend de l'équilibre de la recette et du choix de la farine. Par exemple, avec une farine nord-américaine, l'hydratation serait entre 52 % et 55 %.

L'hydratation doit préférablement se situer dans la moyenne, c'est-à-dire une pâte ni trop ferme ni souple.

Dans une certaine mesure, ces valeurs sont applicables aussi au croissant.

L'utilisation du lait n'est pas recommandée. Il nuirait au gluten. Selon une étude américaine, il serait préférable de bouillir le lait avant de l'utiliser ou utiliser de la poudre de lait traitée à haute température.

L'utilisation d'œufs à raison de 10 % du poids de la farine est possible autant dans la pâte feuilletée que dans les croissants.

La matière grasse

La seule matière a utiliser est le beurre pour ces qualités organoleptiques.

Matière grasse dans la détrempe

Dans une pâte feuilletée, on considère que cet ajout favorise l'extensibilité et améliore le travail de la pâte. La quantité varie entre 4 % et 10 % du poids de la farine. Pour le croissant, beaucoup préfèrent ne pas en mettre comme ce fut le cas par le passé. Cependant, un certain nombre d'études démontre que mettre en 4 % et 6 % de beurre favorise le travail de la pâte et offre un meilleur résultat.

Matière grasse du tourage

De nos jours en France la quantité de matière grasse dans les croissants peut atteindre dans certains cas jusqu'à 60 % à 70 % du poids de la farine presque autant qu'une pâte feuilletée ce qui est beaucoup. La quantité de beurre de la pâte feuilletée est de 75 % à 100 % du poids de la farine. Généralement, la moyenne pour le croissant est autour de 50 % de beurre du poids de la farine même si l'on pourrait descendre en dessous 48 % à 46 %. Les tests effectués sur les croissants tendent à démontrer que cette quantité est en corrélation avec la quantité de saccharose. Le saccharose affecte la pâte et la rendrait plus perméable au beurre ce qui signifierait que pour obtenir le feuilletage désiré, il faudrait plus de beurre quand on a plus de sucre et inversement moins de sucre moins de beurre pour un effet similaire. Le saccharose aurait une tendance à diminuer le croustillant du feuilletage particulièrement sur la durée.

Pour des raisons pratiques, boulangers et pâtissiers préfèrent peser le beurre par rapport au poids de la détrempe. Le beurre est alors d'environ 17 % à 25 % du poids de la détrempe dans le cas du croissant.

La plasticité du beurre est importante pour le tourage. Il est donc recommandé de travailler le beurre avant de procéder au feuilletage. Beaucoup d'études ont été faites sur la température à laquelle devrait être le beurre, mais la plus intéressante est celle de GW Telloke. Le beurre est une matière grasse polymorphe c'est-à-dire que les acides gras qui la composent ont des températures de fusion différentes. Telloke a constaté qu'il faudrait que 40 % des acides gras soient solides pour obtenir la texture idéale du beurre. Cela se produit si le beurre est à une température de 10 °C autrement si les acides gras solides sont supérieurs à 40 %, le résultat est moins bon. Cela nuit au volume final et dans le cas des croissants à la pousse de la pâte au cours de la fermentation. C'est d'ailleurs la raison pour laquelle il déconseille d'utiliser un beurre fractionné ou les beurres secs souvent utilisés en France par les boulangers et les pâtissiers. Cependant en fonction des produits, la température de 10 °C du beurre pourrait varier à la hausse ou à la baisse. Bien évidemment, c'est aux pâtissiers et aux boulangers de s'adapter. De plus, il faut une certaine harmonie entre la température de la pâte et celle du beurre. Par expérience, il est préférable d'avoir une pâte plus ferme et donc plus froide que le beurre.

Pour les croissants, la température de pousse ne devrait pas dépasser 30 °C, 32 °C étant la température de fusion du beurre.

Le sel

En France, la quantité de sel utilisé dans les croissants et dans la pâte feuilletée dépassent tout entendement. Comme je l'ai maintes fois expliqué, la quantité de sel devrait être calculée par rapport à la quantité d'eau pour éviter tout excès de sel. Si l'hydratation varie entre 50 % et 55 %, la quantité de sel devrait être entre 1,3 % à 1,4 % bien loin de 2 % et 2,5 % utilisés par les boulangers et pâtissiers. Une étude menée par l'institut américaine de boulangerie (AIB) sur les croissants montre que l'idéal serait entre 0,75 % et 1 % afin d'obtenir le meilleur volume tout en conservant une bonne qualité organoleptique. Mon conseil est de ne pas dépasser 17,5 % pour des croissants peu sucrés.

Le sucre

Selon les auteurs Cauvain et Telloke, il ne faudrait pas dépasser 12 % du poids de la farine dans le croissant. Il est préferable de s'en tenir 10 % comme maximum et préférer l'ajout d'autres sucres comme le malt. Il serait possible de descendre jusqu'à 6 % de sucre ce qui permettrait une diminution du beurre, mais aussi de la quantité de levure. Dans ce cas, la présence de farine maltée ou de sirop de malt devient nécessaire, et le choix d'une plus longue fermentation est fortement suggéré .

Pour la pâte feuilletée, l'ajout de sucre est plus rare, mais possible. Tout comme pour les croissants 10 % seraient le maximum.

La levure (uniquement pour le croissant)

La quantité de levure et le type de levure à privilégier vont dépendre de notre recette et de notre procédé de fabrication. À partir de 10 % de sucre, il est préférable d'utiliser une levure osmotolérante mieux adaptée aux sucres (levure aussi appelée or). Pour votre information, certaines levures sont plus ou moins osmotolérante et peuvent supporter jusqu'à 12 % de sucre comme les levures nord-américaines ou encore la Lesaffre Rouge ou la 1895.

La quantité de levure fraîche ne devrait pas dépasser 2,4 % du poids de la farine. Si l'on opte pour la congélation, la quantité pourrait être plus importante jusqu'à 4 %. Pour de meilleurs résultats, il est préférable d'utiliser des levures dédiées à la congélation. Dans l'industrie, la quantité de levure peut varier de 7 % à 8 %, car le temps de fermentation se résume le plus souvent à 1 h à 30 °C.

La quantité de levure est en relation avec le temps et la température. Le pointage en masse de la détrempe influence positivement la pousse du croissant, et plus encore si on utilise un ferment de type levain-levure, ou même poolish.

Le pétrissage

Il existe différentes théories sur la durée du pétrissage. Si cela dépend du processus qui sera mis en place pour les croissants et les pâtes feuilletées, il existe un consensus que la durée du pétrissage devrait être courte et éviter le développement du gluten. Le gluten se développera au cours du laminage. Dans le cas de la pâte feuilletée, un fraisage suffit. Anne-Marie Filoux dans « Evaluation de la qualité technologique d'une pâte feuilletée » explique : « Une partie de la formation du réseau de gluten peut se former pendant le laminage. Donc le frasage peut être interrompu avant la fin de la formation du réseau de gluten. »

La fermentation (uniquement pour le croissant)

La fermentation est de plus en plus abandonnée au détriment d'une mise au froid qui ne peut être considéré comme une fermentation adéquate. Si le choix de la fermentation au froid est une solution, une fermentation à température pièce est recommandée. La pâte est ensuite mise en plaque et refroidie rapidement dans une cellule de refroidissement à 2 ° C. Puis, elle est mise au réfrigérateur à une température de 3 °C.

Le choix de la fermentation est en relation avec le type de procédé qui va être choisi. Avec une quantité de sucre de 6 % et une quantité de levure de 1 % à 1,2 % la pâte pourrait être fermentée davantage à la manière d'une pâte à pain avant et mise au froid en suivant les mêmes conseils que précédemment..

La détente (uniquement pour la pâte feuilletée)

Si Antonin Carême déconseillait de laisser la pâte feuilletée se reposer à température pièce après le pétrissage, cette pratique donne d'étonnants résultats. Après 2 h de repos de la pâte qui pourrait s'apparenter à une autolyse salée, le feuilletage va voir sa structure se modifier. Le feuilletage paraît plus fin et plus cassant pouvant rappeler à certains égards la pâte filo. Cette expérience n'a été faite que 2 fois, mais mérite d'être approfondie avec des temps de détentes plus longs pour confirmer ou infirmer les résultats.

Le tourage et le laminage

Le travail, mené par Berry Farah sur les croissants et la pâte feuilletée, a conduit à en arriver à la conclusion que la quantité de tours dépend de la quantité de beurre. Plus il y a de beurre, plus il y a de tours, moins il y a de beurre et moins il y a de tours. Ce qui signifie que l'on pourrait faire des pâtes feuilletées moins beurrées en faisant moins de tours. D'autre part, le nombre de tours peut varier en fonction de la finesse de l'abaisse. Si la pâte est abaissée finement, le beurre est donc plus aplati, ce qui signifie qu'il faudra faire moins de couches au risque de voir le beurre se confondre avec la pâte. C'est d'ailleurs la raison pour laquelle, il est possible de faire des croissants sur deux tours.

À noter trop de beurre ou pas, assez de beurre entre les couches de pâtes ne permet pas au feuillet de bien se séparer.

Pour le croissant, C.S.Rowe a déduit que pour obtenir le meilleur résultat il faut 16 couches de beurre en utilisant la méthode de pliage à l'anglaise.

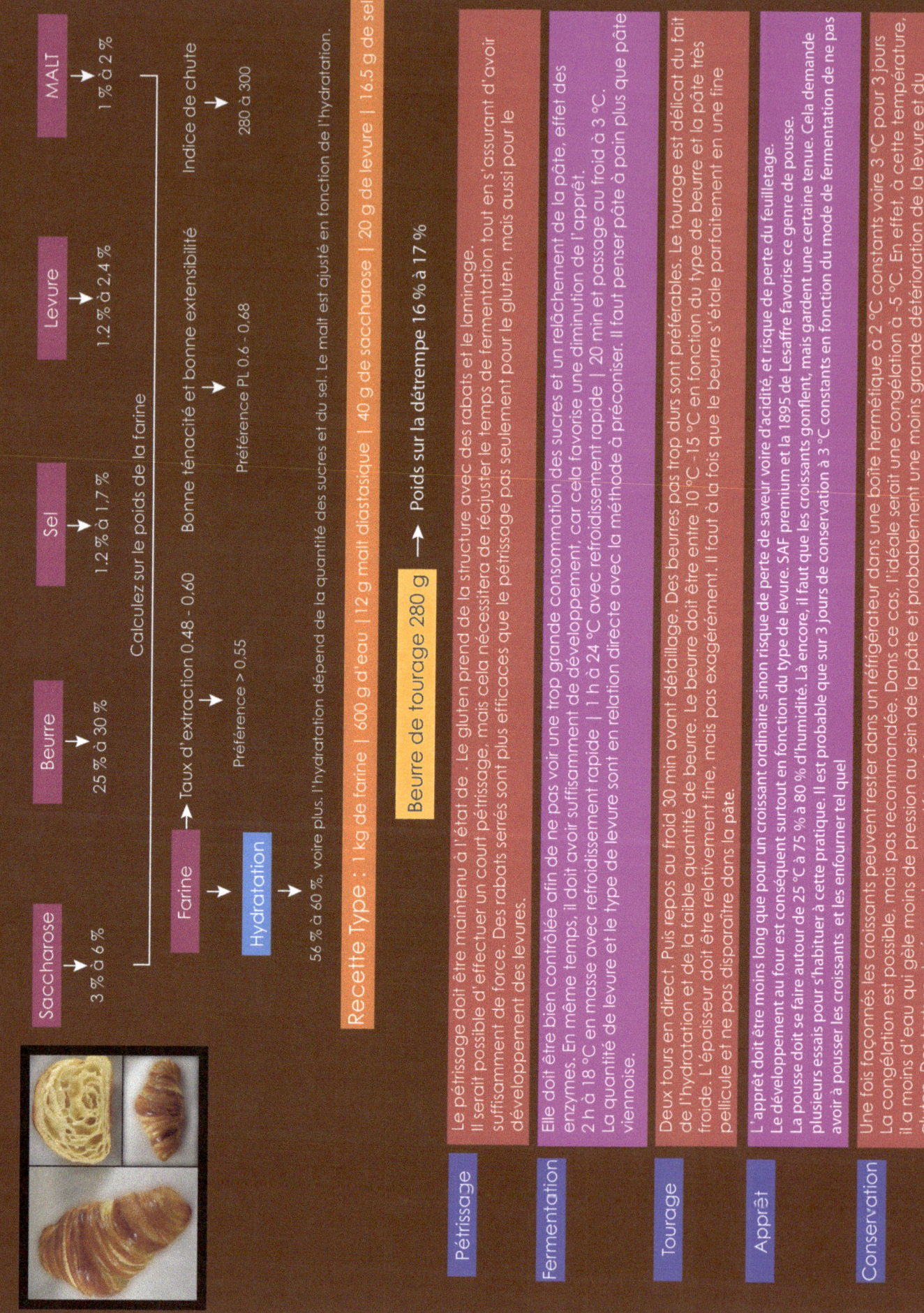

Charte du croissant français d'origine

Saccharose
→ 3 % à 6 %

Beurre
→ 25 % à 30 %

Sel
→ 1.2 % à 1.7 %

Levure
→ 1.2 % à 2.4 %

MALT
→ 1 % à 2 %

Farine
→ Taux d'extraction 0.48 - 0.60

Préférence > 0.55

Bonne ténacité et bonne extensibilité

Préférence PL 0.6 - 0.68

Indice de chute

280 à 300

Hydratation

Calculez sur le poids de la farine

56 % à 60 %, voire plus. l'hydratation dépend de la quantité des sucres et du sel. Le malt est ajusté en fonction de l'hydratation.

Recette Type : 1 kg de farine | 600 g d'eau | 12 g malt diastasique | 40 g de saccharose | 20 g de levure | 16.5 g de sel

Beurre de tourage 280 g → Poids sur la détrempe 16 % à 17 %

Pétrissage
Le pétrissage doit être maintenu à l'état de . Le gluten prend de la structure avec des rabats et le laminage.
Il serait possible d'effectuer un court pétrissage, mais cela nécessitera de réajuster le temps de fermentation tout en s'assurant d'avoir suffisamment de force. Des rabats serrés sont plus efficaces que le pétrissage pas seulement pour le gluten, mais aussi pour le développement des levures.

Fermentation
Elle doit être bien contrôlée afin de ne pas voir une trop grande consommation des sucres et un relâchement de la pâte, effet des enzymes. En même temps, il doit avoir suffisamment de développement, car cela favorise une diminution de l'apprêt.
2 h à 18 °C en masse avec refroidissement rapide | 1 h à 24 °C avec refroidissement rapide | 20 min et passage au froid à 3 °C.
La quantité de levure et le type de levure sont en relation directe avec la méthode à préconiser. Il faut penser pâte à pain plus que pâte viennoise.

Tourage
Deux tours en direct. Puis repos au froid 30 min avant détaillage. Des beurres pas trop durs sont préférables. Le tourage est délicat du fait de l'hydratation et de la faible quantité de beurre. Le beurre doit être entre 10°C -15°C en fonction du type de beurre et la pâte très froide. L'épaisseur doit être relativement fine, mais pas exagérément. Il faut à la fois que le beurre s'étale parfaitement en une fine pellicule et ne pas disparaître dans la pâte.

Apprêt
L'apprêt doit être moins long que pour un croissant ordinaire sinon risque de perte de saveur voire d'acidité, et risque de perte du feuilletage.
Le développement au four est conséquent surtout en fonction du type de levure. SAF premium et la 1895 de Lesaffre favorise ce genre de pousse.
La pousse doit se faire autour de 25 °C à 75 % à 80 % d'humidité. Là encore, il faut que les croissants gonflent, mais gardent une certaine tenue. Cela demande plusieurs essais pour s'habituer à cette pratique. Il est probable que sur 3 jours de conservation à 3°C constants en fonction du mode de fermentation de ne pas avoir à pousser les croissants et les enfourner tel quel

Conservation
Une fois façonnés les croissants peuvent rester dans un réfrigérateur dans une boîte hermétique à 2 °C constants voire 3 °C pour 3 jours La congélation est possible, mais pas recommandée. Dans ce cas, l'idéale serait une congélation à -5°C. En effet, à cette température, il a moins d'eau qui gèle moins de pression au sein de la pâte et probablement une moins grande détérioration de la levure et du gluten. Des tests sont nécessaires pour déterminer la quantité de levure en fonction du type de levure.

Charte du croissant français d'origine

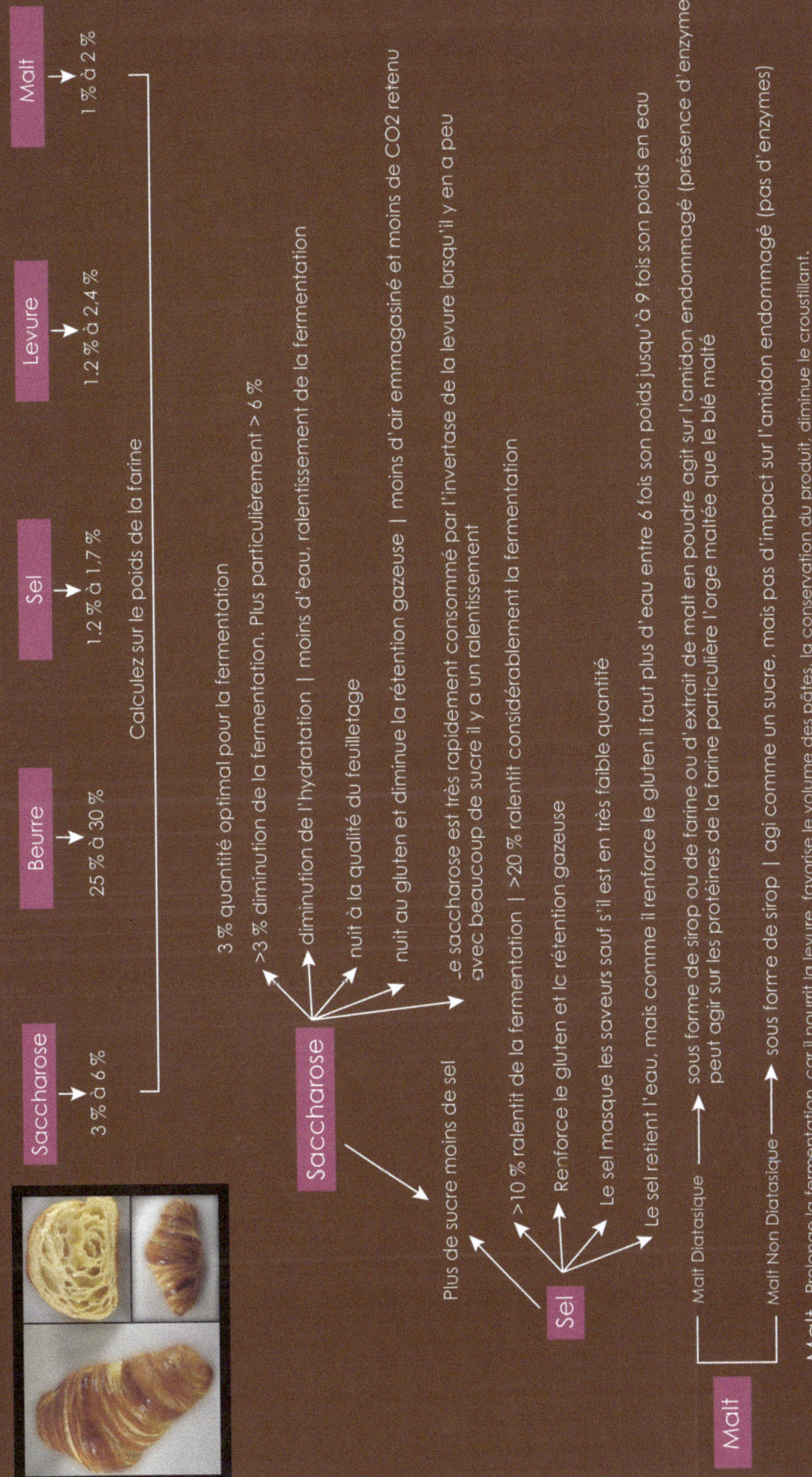

Saccharose	Beurre	Sel	Levure	Malt
3 % à 6 %	25 % à 30 %	1.2 % à 1.7 %	1.2 % à 2.4 %	1 % à 2 %

Calculez sur le poids de la farine

Saccharose
- 3 % quantité optimal pour la fermentation
- >3 % diminution de la fermentation. Plus particulièrement > 6 %
- diminution de l'hydratation | moins d'eau, ralentissement de la fermentation
- nuit à la qualité du feuilletage
- nuit au gluten et diminue la rétention gazeuse | moins d'air emmagasiné et moins de CO2 retenu
- Le saccharose est très rapidement consommé par l'invertase de la levure lorsqu'il y en a peu avec beaucoup de sucre il y a un ralentissement

Sel
- Plus de sucre moins de sel
- >10 % ralentit de la fermentation | >20 % ralentit considérablement la fermentation
- Renforce le gluten et la rétention gazeuse
- Le sel masque les saveurs sauf s'il est en très faible quantité
- Le sel retient l'eau, mais comme il renforce le gluten il faut plus d'eau entre 6 fois l'eau entre 6 fois son poids jusqu'à 9 fois son poids en eau

Malt
- Malt Diatasique → sous forme de sirop ou de farine ou d'extrait de malt en poudre agit sur l'amidon endommagé (présence d'enzymes) peut agir sur les protéines de la farine particulière l'orge maltée que le blé malté
- Malt Non Diatasique → sous forme de sirop | agi comme un sucre, mais pas d'impact sur l'amidon endommagé (pas d'enzymes)
- Malt Prolonge la fermentation, car il nourrit la levure, favorise le volume des pâtes, la conservation du produit. diminue le croustillant.

LES CRÈMES et LES MOUSSES

Introduction

La pâtisserie française a désigné certaines crèmes comme des bases, et ce, de façon tout à fait arbitraire. Il n'y a rien qui puisse expliquer ce choix excepté que certaines furent les plus utilisées par les pâtissiers français, comme la crème pâtissière. Ceci s'explique aussi par le fait que les bases de la pâtisserie se sont construites sur les recettes. Pourtant, les glaciers ont fini par abandonner l'usage des recettes comme base au profit de règles basées sur la technologie pour construire leurs propres recettes. À quand cette révolution en pâtisserie ?

Apprendre à composer ses recettes, les équilibrer et les corriger offre une grande liberté, et un champ vaste de création, au lieu de tâtonner en répliquant à l'infini des variantes d'une même recette.

Entre la structure des glaces et des mousses, les différences restent minimes. Certes, le fait de congeler un produit et de réfrigérer un autre à un certain impact sur le choix des ingrédients et sur la structure du produit, mais hormis ces distinctions le principe reste le même. La différence est l'introduction de l'air. Si le foisonnement se fait en glacerie à l'aide d'une turbine en pâtisserie cela se produit par l'ajout de crème fouettée ou encore de blancs d'œufs en neige. Cependant, rien n'empêche le pâtissier de réaliser sa mousse avec une turbine à glace ce qui apporterait une autre texture aux mousses.

Toutes les crèmes ne deviennent pas des mousses. Dans ce cas, la structure a pour base une émulsion ou une liaison par cuisson à l'aide d'un liant comme l'œuf ou la fécule.

Contrairement aux apparences, la structure des crèmes et des mousses est plus simple à comprendre et à appliquer que la structure des pâtes.

Les crèmes et les mousses à base de produits laitiers

Les crèmes ou les mousses comme les glaces se construisent sur une charpente constituée de matière grasse et de protéines. Ces éléments sont essentiels pour donner corps à la structure et à la texture et offrir une dégustation mémorable. Pour bien saisir ce principe, le vin reste la meilleure analogie. Lorsqu'on boit un verre d'eau, il est difficile de percevoir une quelconque profondeur. L'eau est plate. Par contre avec un vin, et particulièrement un vin doux, il apporte une certaine dimension en bouche, on oserait même dire une certaine consistance. Le sommelier parle de rondeur. La viscosité en est la cause. On la doit au sucre, mais surtout à l'éthanol.

Pour obtenir cette rondeur avec une crème, une mousse ou une glace, il ne suffit pas que de la matière grasse et de l'eau. Pour générer une émulsion, il faut un émulsifiant. Si l'émulsifiant peut parfois suffire à donner une certaine consistance comme dans le cas de la mayonnaise, cela est vrai que lorsque la matière grasse est bien supérieure à la quantité d'eau autrement si l'eau est plus importante que la matière grasse, le mélange fait preuve d'un manque de dimension. Si le produit est foisonné, l'air ajouté apporte une certaine consistance comme dans le cas de la crème fouettée. Cependant, cette texture est éphémère en bouche.

Ce qui apporte cette rondeur ce sont les protéines, en l'occurrence celles du lait, mais cela pourrait être d'autres protéines comme des protéines végétales. Ces protéines laitières présentes dans le lait ou la crème fouettée ne sont jamais en quantité suffisante pour apporter cette dimension particulière à la crème. Si certains chefs se sont mis à ajouter du mascarpone à la crème fouettée, ce n'est pas tant pour la saveur, mais avant tout pour l'apport de matière grasse et de protéines laitières qui permettent d'apporter une amplitude gustative plus importante à la crème fouettée.

L'apport de protéines laitières se fait le plus souvent en glacerie sous forme de poudre de lait. En pâtisserie, cela est moins courant et pourtant essentiel.

À titre d'information, les jaunes d'œufs, en quantité suffisante, ont souvent pallié cette déficience en protéines laitières. C'est la raison pour laquelle jadis les glaces comportaient un grand nombre de jaunes d'œufs. (Pour aller plus loin sur les jaunes et les protéines laitières se référer au livre la Pâtisserie du XXIe siècle, les nouvelles bases de Berry Farah.)

Les protéines laitières

L'apport de protéines laitières se fait à l'aide de poudre de lait. Ce qui signifie, que l'apport structurant n'est pas constitué uniquement de protéines, mais aussi de sucre, le lactose, et de minéraux. Même si les protéines sont l'élément principal, le lactose n'est pas à négliger, car il est présent en quantité importante. Il joue un rôle essentiel dans les glaces en plus d'apporter un goût particulier.

Les protéines laitières se divisent en deux groupes, 80 % sont des caséines et 20 % des protéines sériques, appelés aussi protéines de lactosérum en anglais Whey.

Le lactosérum peut être utilisé de manière individuelle. Il existe différentes formulations dont la particularité est la proportion de lactose. Le lactosérum peut être vendu sans lactose, il est alors appelé isolat de lactosérum. Cette protéine est parfois ajoutée par les industriels dans les glaces en remplacement d'une partie de la poudre de lait.

L'utilisation de protéines de lactosérum peut être envisagée dans les mousses du fait, entre autres, de ses propriétés moussantes.

Important : il faut doser le lactosérum avec parcimonie. On dit qu'il doit représenter 25 % de la poudre de lait ou encore entre 2,5 % et 0,5 % du poids total de la préparation en fonction de la concentration en protéines. Ceci est vrai autant pour les glaces que pour les mousses. En glacerie, cet apport de protéines, de lactose et de minéraux est appelé ESDL extrait sec dégraissé lactique. Il est la somme des extraits secs des produits laitiers présents dans la glace. En anglais, il prend le nom **MSNF** Milk Solid Non Fat.

En glacerie, le pourcentage minimum pour obtenir la rondeur recherchée est de 7 %.

En pâtisserie, le 7 % d'ESDL est à la fois le minimum et le maximum. En effet en pâtisserie la richesse des crèmes et des mousses en matière grasse, le plus souvent de la matière grasse laitière ainsi que la présence de jaunes d'œufs, apporte une certaine dimension qui compense partiellement l'absence de l'ESDL.

L'ajout de poudre de lait, afin d'atteindre un ESDL de 7 %, permet de renforcer la texture. Si la quantité de matière grasse est importante, mettre plus de 7 % de ESDL peut donner une texture lourde ou déplaisante. L'ESDL et la matière grasse marche de paire. L'augmentation de l'un entraîne la diminution de l'autre. C'est d'ailleurs la raison pour laquelle en glacerie un apport faible de matière grasse entraîne une augmentation importante de l'ESDL.

Propriétés des protéines laitières

Viscosifiante

Les protéines vont augmenter la viscosité d'une préparation. Si vous ajoutez de la poudre de lait à du lait et vous portez à ébullition le mélange, vous allez constater que le lait s'épaissit. Cette viscosité est l'une des sources de la texture ronde en bouche.

Gélifiante

Dans certaines conditions, les protéines de lait peuvent entraîner une gélification, particulièrement les protéines de lactosérum. Cette gélification dépend de la concentration en protéines, du pH, de la température, et des sels présents comme le calcium.

Emulsifiante - Stabilisante

La fonction émulsifiante permet une meilleure cohésion entre matière grasse et eau. La fonction stabilisant permet de stabiliser l'eau et ainsi permettre, entre autres, à la congélation d'avoir de plus petites particules de glace ce qui donne un produit plus fondant et crémeux.

Moussante

Les protéines sont des agents moussants particulièrement les protéines de lactosérum qui peuvent remplacer les blancs d'œufs. Lorsque la concentration de protéines est importante, le taux de foisonnement peut être considérable.

La matière grasse laitière.

La matière grasse contribue à la richesse gustative et structurelle de ces produits. Elle participerait à la solidité de la mousse.

Dans les mousses et les crèmes, les études démontrent que le minimum de matière grasse butyrique (matière grasse du lait) devrait être de 8 % du poids total de la recette avec une moyenne de 12 % voire au-delà comme c'est souvent le cas. Bien souvent dans les mousses artisanales, la matière grasse butyrique tourne autour de 20 %. Dans les glaces, la quantité de matière grasse varie selon la législation des pays. En Europe, s'il n'y a pas de minimum défini sauf pour les glaces au lait, la moyenne tourne en France autour de 5 % voire au-delà. En Amérique Nord, le minimum est de 10 % de matière grasse butyrique. Il semblerait qu'au Japon le minimum soit de 8 %.

Les sucres

Dans les crèmes et les mousses, la quantité de sucre ne devrait pas descendre en dessous de 8 % et ne pas dépasser 15 % de la masse totale.

Si le saccharose est le principal sucre, l'apport d'autres sucres est recommandé particulièrement dans les glaces et peut être un atout dans les mousses. Certains sucres permettent d'éviter la cristallisation du saccharose et favorisent le fondant. D'autres permettent d'abaisser le point de congélation et permettent aux glaces de conserver leur moelleux.

Le principal sucre pour remplacer partiellement le saccharose est le glucose encore appelé dextrose.

Il est dit que le poids des glucoses présents dans la recette ne devrait pas dépasser 50 % du poids du saccharose. Ceci est aussi vrai pour les glaces que pour les mousses, même si dans le cas des mousses des quantités moindres sont recommandées entre 25 % et 30 % du poids du saccharose.

Qu'est ce que le glucose ?

Le glucose peut se présenter sous deux formes soit en sirop et dans ce cas la matière sèche ne descend pas en dessous de 70 % soit de manière déshydratée, appelée en France glucose atomisé.

Le glucose est issu de l'amidon qui a été hydrolysé. Le DE (dextrose equivalent) qui qualifie le glucose représente le pourcentage d'amidon hydrolysé. Un DE de 100 signifie, que l'amidon a été entièrement hydrolysé alors qu'un DE 28 il n'y a que 28 % qui soit hydrolysé.

Dans le cas d'un DE 28, le 28 % n'est pas uniquement composé de glucose, c'est un mélange de glucose, de maltose et de maltotriose. Plus le DE est important, plus la quantité de glucose est importante.

Plus le DE est petit, plus le glucose apporte de la texture, de la viscosité. Il prévient aussi la cristallisation du saccharose et évite lors de la congélation d'avoir des particules de glaces trop grosses. En plus, il stabilise les produits moussants.

Plus le DE est grand, plus le point de congélation est abaissé et donc permet des glaces plus molles à des températures négatives. Ces glucoses permettent de relever les saveurs et de favoriser leur diffusion. Ils sont en plus hygroscopiques (ils retiennent l'humidité, utile pour certaines pâtes).

Le taux sucrant est plus important avec des DE élevés qu'avec des DE bas.

En pâtisserie et en glacerie, le DE 42 est celui qui est plus utilisé. Il est considéré comme un DE bas. Cependant, l'utilisation d'un DE 28 peut être un atout autant en pâtisserie qu'en glacerie surtout avec des produits pauvres en matières grasses ou dont la viscosité est basse. Cela apporte de la texture et améliore la viscosité et favorise plus encore le moelleux.

En glacerie, la combinaison d'un glucose bas et d'un glucose élevé est un atout pour avoir une glace parfaite. L'un agit sur les cristaux de glace, l'autre sur le point de congélation et sur la saveur.

Les glucoses sont des agents texturant et structurant.

Le sucre inverti, très utilisé en France, est obtenu par l'hydrolyse du saccharose. Ces propriétés sont identiques au glucose dont le DE est le plus élevé.

Contrairement au glucose, le sucre inverti est constitué de glucose et de fructose. En France, le sucre inverti est vendu sous une forme de pâte. Son pouvoir sucrant est 20 % supérieur à celui du sucre. Ce qui suppose que le fructose est en plus grande quantité. En Australie et en Amérique du Nord, le sucre inverti est sous forme de sirop liquide dont le pouvoir sucrant est 10 % de moins ou équivalent au saccharose du fait que cette fois le glucose et le fructose sont quasi en quantité égale.

Les liants

Si les protéines influencent la texture et favorisent la rondeur en bouche, c'est aussi vrai pour les liants qu'ils soit sous forme d'amidon, de gomme ou de gélifiant. Cependant, ces produits affectent négativement le goût. Des tests comparatifs montrent que des produits "liés" ont une meilleure texture, mais moins de saveur que des produits non "liés". Le difficile choix du compromis.

Les crèmes, ou les crèmes de base allégées par l'ajout d'un appareil moussant, sont presque souvent liées pour permettre au produit final d'avoir une bonne tenue

La gélatine est sans doute la meilleure "colle" que la pâtisserie puisse connaître. Elle est sécuritaire, facile d'utilisation, permet une bonne stabilisation de l'eau du produit et pourrait même être utilisée en glacerie comme stabilisateur. L'industrie qui a abandonné la gélatine pour des raisons de coûts a imposé aux artisans leurs mélanges de stabilisateur. Cependant, dans le cas de l'artisanat, il serait plus judicieux de composer son propre mélange de stabilisateurs et émulsifiants. L'utilisation de la gélatine prend à nouveau tout son sens.

La pectine est elle aussi un liant et un texturant très prisée par les pâtissiers. Il existe autant de pectine que d'utilisation. Certains réagissent à l'acidité, d'autres au calcium. En pâtisserie la pectine NH est très utilisé mais NH est une appellation privée, car la pectine NH c'est une pectine faiblement méthylée et amidée. (LMA)

Il existe trois grandes catégories de pectine à l'intérieur desquelles se décline toute une série de variante.

Catégorie de pectine

HM (Hautement méthylée)

Il en existe trois sous catégorie **rapide, médium, lent**. Ce qui correspond au temps de prise en gel de la préparation. Cette prise de gel est en relation temps et température.

Les gels obtenus ne sont pas réversibles.

Ces pectines réagissent en fonction de la concentration en saccharose et du pH.

LM (Faiblement méthylée)

Cette pectine réagit principalement au calcium et à différent pH et peut être réversible

LMA (Faiblement méthylée amidée)

Cette pectine réagit plus ou moins au calcium et à différents pH, cette pectine peut être réversible et être fouettée.

Ce qu'il est important de savoir c'est que les pectines peuvent réagir avec d'autres additifs comme le carraghénane, l'alginate pour former des gels de textures différentes.

L'amidon est un autre liant important dans la réalisation des crèmes. Les amidons ont toutes des grosseurs de particules différentes qui font leur caractéristique. D'autre part le rapport amylose (le gel) amylopectine (la viscosité) va influencer la gélification et influencer la texture. Si l'amidon de maïs est le plus utilisé aujourd'hui en pâtisserie, c'est l'amidon de riz qui devrait avoir la faveur des pâtissiers du fait du fondant qu'il procure et de sa capacité à donner une texture gélifiante. Ainsi une crème pâtissière liée avec de l'amidon de riz pourrait donner une texture similaire à gel qui peut être découpé au couteau mais avec une texture crémeuse qui peut rappeler une mousse.

La quantité d'amidon varie en fonction du type de préparation et de la quantité de sucre et de matière grasse présente.

Au produit liée à l'amidon peut être ajouté certains stabilisateurs, comme la gélatine, afin d'éviter l'effet de synèrese. À noter que certains stabilisateurs peuvent agir en synergie avec l'amidon en modifiant la texture ou en renforçant le liant ou la viscosité.

Il serait possible d'améliorer la texture de l'amidon et probablement réduire ces effets délétères lors du stockage en ajoutant de l'amidon cireux (gluant) à petite dose ce qui renforcerait la proportion d'amylopectine par rapport à l'amylose. Ce serait d'autant plus bénéfique si l'amidon utilisé est faible en amylose comme le cas de l'amidon de riz.

La gélatine

La gélatine reste un gélifiant incomparable et devrait être le gélifiant par excellence de la pâtisserie. Sa texture est inimitable. Il est important de rappeler que chaque gélifiant permet d'obtenir des gels avec des textures particulières. (voir La pâtisserie du XXIe siècle, les nouvelles bases, pour plus détails sur les gélifiants et l'amidon)

En pâtisserie, mais je dirais aussi en glacerie, le bloom de la gélatine ne devrait pas descendre en dessous de 200 idéalement 220.

En présence de crème fouettée, il faut 2.5g de gélatine par 100 de crème fouettée pour obtenir la quantité de gélatine nécessaire à la réalisation d'une mousse.

Si le procédé de la mousse n'est pas obtenu par un apport en crème fouettée, mais par foisonnement de l'ensemble de la recette, la quantité de gélatine peut-être plus importante que dans la préparation dans laquelle on a introduit de la crème fouettée. Il peut être judicieux dans ce cas de choisir une gélatine avec un bloom plus élevé.

Le cas de la crème pâtissière

Dans son précédent ouvrage, Berry Farah avait disséqué la crème pâtissière qui est le modèle par excellence des crèmes liées. Cette fois, nous allons nous intéresser de plus près à la structure de ce type de crème.

Le procédé de réalisation de la crème pâtissière se fait généralement en mélangeant les jaunes d'œufs et le sucre. Puis l'amidon y est dispersé avant l'ajout d'une partie du lait bouillant. Ensuite, le tout est versé dans le lait restant et porté à ébullition.

Dans son tout premier livre, Berry Farah avait évoqué la possibilité de faire la crème pâtissière en mettant tous les ingrédients dans la casserole et porter l'ensemble à ébullition.

Quelle est l'importance de l'ordre d'introduction des ingrédients ?

Mettre tous les ingrédients au départ, et porter l'ensemble à ébullition, a pour conséquence de rendre plus long le processus. Probablement, le sucre en est le responsable en retardant la gélatinisation de l'amidon. Certaines études laissent à penser que l'amidon mis dans une préparation froide et un amidon ajouté à une préparation chaude pourrait influencer différemment la cohésion de l'amidon.

D'autre part, les jaunes doivent être mélangés aux sucres avant d'être dispersés dans le lait, autrement les jaunes se dispersent mal dans un liquide et la qualité de la crème s'en voit amoindrie. Ce phénomène se voit parfois dans un mélange pour crêpe ou l'on voit flotter dans le lait des traces de jaunes d'œufs. Le sucre lié aux jaunes favorise leur dispersion dans un liquide.

Une étude parue en 2006 (Rheology and microstructure of custard model systems with cross-linked waxy maize starch) montre que le fait d'avoir du lait au lieu de l'eau ainsi que l'ajout du sucre apporte plus de structure au produit.

Dans une autre étude (Quantitative and Qualitative Variation of Fat in Model Vanilla Custard Desserts: Effects on Sensory Properties and Consumer Acceptance) sur la texture de crèmes s'apparentant à une crème pâtissière (crème pâtissière sans œuf) les résultats ont montré que les crèmes moyennement grasses ou faiblement grasses 1,5 % et 8,5 % de matière grasse avait eu le meilleur succès auprès des panellistes. Ce qui conduit à s'interroger si les crèmes en pâtisserie ne sont pas trop grasses d'autant plus lorsqu'on voit une crème pâtissière contenant 10 à 12 jaunes se voir ajouter presque 100 g de beurre supplémentaire. En pâtisserie, on associe trop souvent le gras à la qualité alors même que l'excès de gras n'apporte rien de bon à la texture. C'est sans doute la raison pour laquelle dans les glaces on ne dépasse jamais 12 % de matière grasse laitière.

Dans une crème pâtissière classique à 12 jaunes (240 g), 1 litre de lait à 3,6 % mg (1036 g), 200 g de sucre, 80 g d'amidon, la quantité de matière grasse représente environ 5 %

Si l'on souhaite bonifier la crème avec du beurre sans avoir une crème trop grasse, il faut environ 20 g de beurre à 82 % pour atteindre environ 8 %. Autrement, il faudrait baisser la quantité de jaunes d'œufs pour augmenter la quantité de beurre..

Nous avons beaucoup à apprendre de l'équilibre des crèmes en pâtisserie d'autant plus que les mousses du fait de l'apport en crème fouettée peuvent atteindre un pourcentage de matière grasse importante soit près de 20 % voire davantage avec l'ajout de chocolat ou même de praliné. Certains pâtissiers en sont venus à remplacer la crème fouettée par des blancs d'œufs. Cependant, la texture des blancs d'œufs reste délicate. L'utilisation de meringue italienne n'est pas recommandée du fait que cela est un produit trop sucré.

Aujourd'hui, pour des raisons pratiques, mais aussi pour des raisons d'équilibre, le temps est venu de faire une crème que l'on foisonne que d'ajouter l'air sous forme de crème fouettée ou de blancs d'œufs. Berry Farah a évoqué souvent ses alternatives dans de précédents ouvrages. Les résultats peuvent être tout aussi agréables avec des textures légères, mais aussi des produits moins gras. La matière grasse est un produit ni à bannir ni à porter au pinacle, elle doit prendre sa juste place. Et quoi qu'en dise les tendances nutritionnelles, dont le bien-fondé peut être questionné, je dirais même, doit être questionné. La matière grasse laitière reste la matière grasse de choix. A l'exception de moins de 1 % de la population, l'intolérance au lactose ne nécessite pas de bannir les produits laitiers de nos préparations. Et les protéines comme l'isolat de lactosérum permettent d'avoir des produits sans lactose dont les propriétés structurantes et texturantes offrent de nombreuses possibilités.

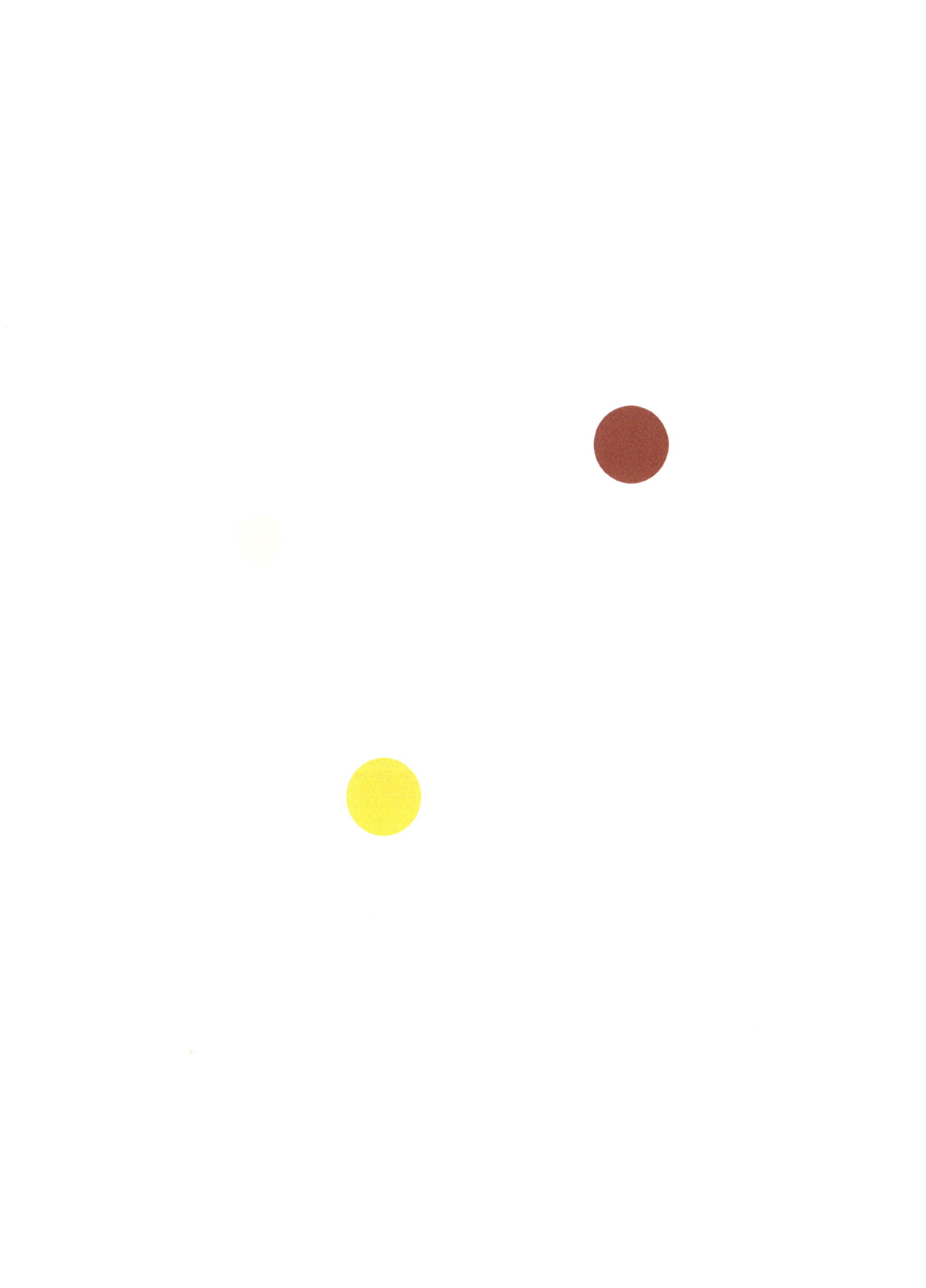

www.ingramcontent.com/pod-product-compliance
Lightning Source LLC
Chambersburg PA
CBHW041120120626
46547CB00019B/2793